U0182289

机电专业新技术普及丛书

变频器实用技术（富士）

主　编　王　建　徐洪亮　梁先霞

副主编　张　宏　李　丽　李　阳　李华雄

参　编　张　凯　宋永昌　刘继先　王春晖

　　　　李迎波　汤　瑞　吴　婧

主　审　李　伟

参　审　寇　爽

机械工业出版社

本书根据企业生产实际，结合典型项目的变频器及 PLC 程序，详细介绍了富士变频器的实用技术，实例设计紧贴生产一线。主要内容包括：变频器基础知识、变频器的基本应用、变频器及外围设备的选择、变频器的设计及通用变频器的典型应用等。

本书内容取材于生产一线，实用性强，既可作为机电专业技术工人的新技术普及用书，也可作为企业培训部门、职业技能鉴定培训机构的教材，还可作为从事变频器应用及开发的工程技术人员的参考用书。

图书在版编目（CIP）数据

变频器实用技术（富士）/王建，徐洪亮，梁先霞主编.
—北京：机械工业出版社，2012.3（2023.8 重印）
（机电专业新技术普及丛书）
ISBN 978-7-111-37281-3

Ⅰ.①变… Ⅱ.①王… ②徐… ③梁… Ⅲ.①变频器
Ⅳ.①TN773

中国版本图书馆 CIP 数据核字（2012）第 016419 号

机械工业出版社（北京市百万庄大街 22 号　邮政编码 100037）
策划编辑：朱　华　责任编辑：王振国
版式设计：石　冉　责任校对：申春香
封面设计：路恩中　责任印制：常天培
北京机工印刷厂有限公司印刷
2023 年 8 月第 1 版第 7 次印刷
184mm×260mm·11.5 印张·284 千字
标准书号：ISBN 978-7-111-37281-3
定价：35.00 元

电话服务　　　　　　　网络服务
客服电话：010-88361066　机 工 官 网：www.cmpbook.com
　　　　　010-88379833　机 工 官 博：weibo.com/cmp1952
　　　　　010-68326294　金 书 网：www.golden-book.com
封底无防伪标均为盗版　机工教育服务网：www.cmpedu.com

丛书编委会

主　任：王　建

副主任：楼一光　雷云涛　李　伟　王小涓

委　员：张　宏　王智广　李　明　王　灿　伊洪彬　徐洪亮

　　　　施利春　杜艳丽　李华雄　焦立卓　吴长有　李红波

　　　　何宏伟　张　桦

前言

FOREWORD

随着经济全球化进程的不断加快，发达国家的制造能力加速向发展中国家转移，我国已成为全球的加工制造基地，但却凸显了我国高技能型人才严重短缺的现实问题，特别是对掌握数控加工技术以及自动化新技术人才的需要越来越多，而很多工人受条件限制，无法到学校接受系统的数控加工技术以及自动化新技术的职业教育；对于离开校园数年、有一定工作经验的人员，也需要进行"充电"，以适应新技术发展的需要。

为解决上述矛盾，本丛书编委会组织一批学术水平高、经验丰富、实践能力强，身处企业、行业一线的专家在充分调研的基础上，结合企业实际需要，共同研究培训目标，编写了这套《机电专业新技术普及丛书》。

本套丛书的编写特色有：

1. 坚持以"以技能为核心，面向青年工人的继续充电、继续提高"为培养方针，把企业和技术工人急需的高新技术进行普及和推广，加快高技能人才的培养，更好地满足企业的用人需求。

2. 更注重实际工作能力和动手技能的培养，内容贴近生产岗位，注重实用，力图实现培训的"短、平、快"，使学员经过培训后能立即胜任本岗位的工作。

3. 在内容上充分体现一个"新"字，即充分反映新知识、新技术、新工艺和新设备，紧跟科技发展的潮流，具有先进性和前瞻性。

4. 以解决实际问题为切入点，尽量采用以图代文、以表代文的编写形式，最大限度降低学习难度，提高读者的学习兴趣。

本套丛书涉及数控技术和电气技术两大领域，是面向有志于学习数控加工、机电一体化以及自动控制实用技术，并从事过相关工作的技术工人的培训用书。适合有一定经验的工人进行自学或转岗培训。

我们希望这套丛书能成为读者的良师益友，能为读者提供有益的帮助！

本书由王建、徐洪亮、梁先霞任主编，张宏、李丽、李阳、李华雄任副主编，张凯、宋永昌、刘继先、王春晖、李迎波、汤瑞、吴婧参加编写。全书由李伟任主审，寇爽参审。

由于时间和水平有限，书中难免存在不足之处，敬请广大读者批评指正。

编　者

目 录
CONTENT

第一章 变频器基础知识

第一节 变频器概述

变频器是将固定频率的交流电变换为频率连续可调的交流电的装置。变频器技术随着微电子学、电力电子技术、计算机技术和自动控制理论等的不断发展而发展，其应用越来越普遍。富士变频器的外形如图 1-1 所示。

一、变频器的结构

交—直—交电压型通用变频器由主电路和控制电路组成，其基本结构如图 1-2 所示。主电路包括整流器、中间直流环节和逆变器。控制电路由运算电路、检测电路、控制信号的输入/输出电路和驱动电路组成。

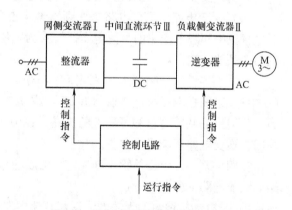

图 1-1　富士变频器的外形　　　　　　图 1-2　电压型通用变频器的基本结构

1. 主电路

（1）整流电路　整流电路的主要作用是把三相（或单相）交流电转变成直流电，为逆变电路提供所需的直流电源，在电压型变频器中整流电路的作用相当于一个直流电压源。在中小容量变频器中，一般整流电路采用整流二极管或整流模块，如图 1-3 中的 VD1 ~ VD6。

（2）滤波及限流电路　滤波电路通常由若干个电解电容并联成一组，如图 1-3 中 C_1 和 C_2。由于电解电容的电容量有较大的离散性，可能使各电容承受的电压不相等，为了解决电容 C_1 和 C_2 均压问题，在两电容旁各并联一个阻值相等的均压电阻 R_1 和 R_2。

在图 1-3 中，串接在整流桥和滤波电容之间的限流电阻 R_S 和短路开关 KS 组成了限流电路。当变频器接入电源的瞬间，将有一个很大的冲击电流经整流桥流向滤波电容，整流桥

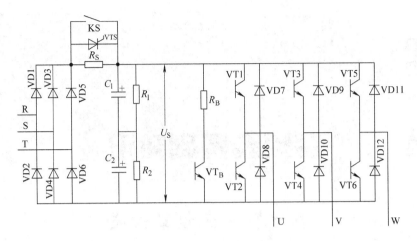

图 1-3 交—直—交电压型变频器主电路

可能因电流过大而在接入电源的瞬间受到损坏，限流电阻 R_S 可以削弱该冲击电流，起到保护整流桥的作用。在许多新的变频器中 R_S 已由晶闸管替代（如图中虚线所画 VTS）。

（3）直流中间电路　由整流电路可以将电网的交流电源整流成直流电压或直流电流，但这种电压或电流含有电压或电流纹波，将影响直流电压或电流的质量。为了减小这种电压或电流的波动，需要加电容器或电感器作为直流中间环节。

对电压型变频器来说，直流中间电路通过大容量的电容对输出电压进行滤波。

（4）逆变电路　逆变电路是变频器最主要的部分之一，它的功能是在控制电路的控制下将直流中间环节输出的直流电压，转换为电压、频率均可调的交流电压，实现对异步电动机的变频调速控制。

在中小容量的变频器中多采用 PWM 开关方式的逆变电路，换相器件为大功率晶体管（GTR）、绝缘栅双极型晶体管（IGBT）或功率场效应晶体管（P – MOSFET）。随着门极关断（GTO）晶闸管容量和可靠性的提高，在中大容量的变频器中采用 PWM 开关方式的 GTO 晶闸管逆变电路逐渐成为主流。

在图 1-3 中，由开关管 VT1 ~ VT6 构成的电路称为逆变桥，由 VD7 ~ VD12 构成续流电路。续流电路的作用如下：

1）为电动机绕组的无功电流返回直流电路提供通路。

2）当频率下降使同步转速下降时，为电动机的再生电能反馈至直流电路提供通路。

3）为电路的寄生电感在逆变过程中释放能量提供通路。

（5）能耗制动电路　在变频调速中，电动机的降速和停机是通过减小变频器的输出频率，从而降低电动机的同步转速的方法来实现的。当电动机减速时，在频率刚减小的瞬间，电动机的同步转速随之降低，由于机械惯性，电动机转子转速未变，使同步转速低于电动机的实际转速，电动机处于发电制动运行状态，负载机械和电动机所具有的机械能量被回馈给电动机，并在电动机中产生制动转矩，使电动机的转速迅速下降。

电动机再生的电能经过图 1-3 中的续流二极管 VD7 ~ VD12 全波整流后，反馈到直流电路，由于直流电路的电能无法回馈给电网，在 C_1 和 C_2 上将产生短时间的电荷堆积，形成"泵生电压"，使直流电压升高，当直流电压过高时，可能损坏换相器件。变频器的检测单元检测到直流回路电压 U_S 超过规定值时，控制功率管 VT_B 导通，接通能耗制动电路，使直流回路通过 R_B 电阻释放电能。

2. 变频器控制电路

为变频器的主电路提供通断控制信号的电路，称为控制电路。其主要任务是完成对逆变器开关器件的开关控制和提供多种保护功能。控制方式有模拟控制和数字控制两种。目前已广泛采用了以微处理器为核心的全数字控制技术，主要靠软件完成各种控制功能，以充分发挥微处理器计算能力强和软件控制灵活性高的特点，完成许多模拟控制方式难以实现的功能。控制电路主要由以下部分组成：

（1）运算电路　运算电路的主要作用是将外部的速度、转矩等指令信号同检测电路的电流、电压信号进行比较运算，决定变频器的输出频率和电压。

（2）信号检测电路　将变频器和电动机的工作状态反馈至微处理器，并由微处理器按事先确定的算法进行处理后为各部分电路提供所需的控制或保护信号。

（3）驱动电路　驱动电路的作用是为变频器中逆变电路的换相器件提供驱动信号。当逆变电路的换相器件为晶体管时，称为基极驱动电路；当逆变电路的换相器件为 SCR、IGBT 或 GTO 晶闸管时，称为门极驱动电路。

（4）保护电路　保护电路的主要作用是对检测电路得到的各种信号进行运算处理，以判断变频器本身或系统是否出现异常。当检测到出现异常时，进行各种必要的处理，如使变频器停止工作或抑制电压、电流值等。

二、富士变频器结构

1. 变频器的外形

变频器从外部结构上看，有开启式和封闭式两种，开启式的散热性能好，但接线端子外露，适用于电器柜内部安装，封闭式的接线端子全部在内部，不打开盖子是看不见的，这里所讲的变频器是封闭式的。

变频器上盖板如图 1-4 所示。变频器的数字操作显示面板如图 1-5 所示。

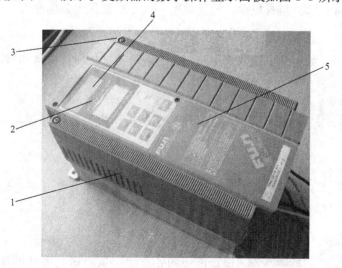

图 1-4　变频器上盖板

1—中间框架　2—键盘面板　3—前盖板螺钉　4—LED 监视器　5—前盖板

（1）LED 监视器　7 段 LED4 位显示。显示设定频率、输出频率等各种监视数据以及报警代码等。

（2）LCD 监视器　显示从运行状态到功能数据等各种信息。LCD 最低行以轮换方式显示操作指导信息。

（3）LCD 监视器指示信号

1）显示下列运行状态之一：FWD：正转运行；REV：反转运行；STOP：停止。

2）显示选择的运行模式：REM：端子台；LOC：键盘面板；COMM：通信端子；JOG：点动模式；另外，符号▼表示后面还有其他画面。

（4）RUN LED　仅键盘面板操作时有效。按 FWD 和 REV 键输入运行命令时点亮。

（5）操作键　用于更换画面、变更数据和设定频率等。

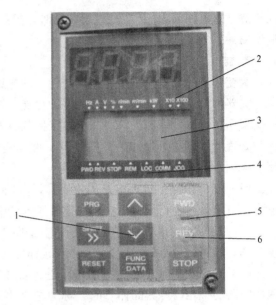

图 1-5　变频器的数字操作显示面板
1—操作键　2—LED 监视器辅助信息　3—LCD 监视器
4—LCD 监视器指示信号　5—RUN LED　6—控制键

1）PRG　模式转换键：用来更改工作模式，由现行画面转换为菜单画面，或者由运行/跳闸模式转换至初始画面。如显示、运行及程序设定模式等。

2）⌃　、　⌄　增减键：用于增加或减小数据，用以加速数据更改；游标上下移动（选择），画面轮换。

3）**FUNC/DATA**：LED 监视更换，设定频率存入，功能代码数据存入。

4）**SHIFT/>>**：数据变更时数位移动，功能组跳越（同时按此键和增减键）。

5）**RESET**：数据变更取消，显示画面转换。报警复位（仅在报警初始画面显示时有效）。

6）**STOP** + ⌃：通常运行模式和点动运行模式可相互切换（模式相互切换）。模式显示于 LCD 监视器中。

7）**STOP** + **RESET**：键盘面板和外部端子信号运行方法的切换（设定数据保护时无法切换）。同时对应功能码 F02 的数据也相互在 1 和 0 切换。所选模式显示于 LCD 监视器。

（6）控制键

1) ［FWD］：正转运行。

2) ［REV］：反转运行。

3) ［STOP］：停止运行。

2. 富士变频器端盖的拆装

（1）前端盖的拆卸方法

1）松开盖板的固定螺钉，如图1-6所示。

2）握住盖板上部，如图1-7所示。

图1-6　拆卸螺钉

图1-7　握住盖板上部

3）取下前盖板螺钉，卸下前端盖板，如图1-8所示。

（2）键盘面板的拆卸方法

1）松开键盘面板固定螺钉，如图1-9所示。

图1-8　卸下前端盖板

图1-9　松开键盘面板固定螺钉

2）手指伸入键盘面板侧面的开口部，慢慢地将其取出。不要用力过猛，否则会损坏其连接器，如图1-10所示。

（3）通风窗的拆卸方法　变频器的顶部有一个通风窗，其底部有2～3个通风窗。对于容量小于 22kW 的变频器，当周围温度超过 40℃时，应取下通风窗挡板。

1）先卸下前盖，如图 1-11 所示。

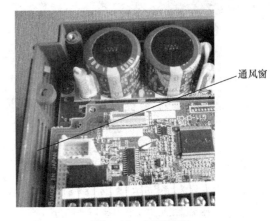

通风窗

a)   b)

图 1-10　卸下键盘面板
a）卸下的键盘面板与前盖板　b）键盘面板正面

图 1-11　卸下前盖

2）取下通风窗挡板，直接用手指或螺钉旋具等从内部推出中间外盖的各通风窗，如图 1-12 所示。

（4）前端盖的安装方法

1）将前盖板的插销插入变频器底部的拆孔。

2）以安装插销部分为支点，将盖板完全推入机身。

3）安装前盖板前应拆去操作面板，安装好盖板后再安装操作面板，如图 1-13 所示。

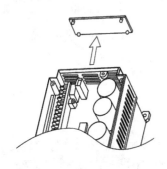

图 1-12　取下通风窗挡板

图 1-13　安装操作面板

注意：

1）不要在带电的情况下拿走操作面板。

2）不要在带电时进行拆装。

3）抬起时要缓慢轻拿。

第二节　变频器的工作原理及种类

一、变频器的工作原理

异步电动机的同步转速，即旋转磁场的转速为

$$n_1 = \frac{60f_1}{p} \tag{1-1}$$

式中　n_1——同步转速（r/min）；

　　　f_1——定子电流频率（Hz）；

　　　p——磁极对数。

异步电动机的轴转速为

$$n = n_1(1-s) = \frac{60f_1}{p}(1-s) \tag{1-2}$$

式中　s——异步电动机的转差率，$s = (n_1 - n)/n_1$。

改变异步电动机的供电频率，可以改变其同步转速，实现调速运行。

对异步电动机进行调速控制时，希望电动机的主磁通保持额定值不变。若磁通太弱，则铁心利用不充分，在同样的转子电流下，电磁转矩小，电动机的负载能力下降；若磁通太强，则处于过励磁状态，使励磁电流过大，这就限制了定子电流的负载分量，为使电动机不过热，负载能力也要下降。异步电动机的气隙磁通（主磁通）是由定子、转子合成磁动势产生的，如何才能使气隙磁通保持恒定呢？

由电机理论可知，三相异步电动机定子每相电动势的有效值为

$$E_1 = 4.44f_1 N_1 \Phi_m \tag{1-3}$$

式中　E_1——旋转磁场切割定子绕组产生的感应电动势（V）；

　　　f_1——定子电流频率（Hz）；

　　　N_1——定子相绕组有效匝数；

　　　Φ_m——每极磁通量（Wb）。

由式（1-3）可见，Φ_m 的值是由 E_1 和 f_1 共同决定的，对 E_1 和 f_1 进行适当的控制，就可以使气隙磁通 Φ_m 保持额定值不变。具体分析如下：

（1）基频以下的恒磁通变频调速　这是考虑从基频（电动机额定频率 f_{1N}）向下调速的情况。为了保持电动机的负载能力，应保持气隙主磁通 Φ_m 不变，这就要求在降低供电频率的同时降低感应电动势，保持 E_1/f_1 = 常数，即保持电动势与频率之比为常数进行控制。这种控制又称为恒磁通变频调速，属于恒转矩调速方式。

但是，E_1 难于直接检测和直接控制。当 E_1 和 f_1 的值较高时，定子的漏阻抗压降相对比较小，如忽略不计，则可以近似的保持定子相电压 U_1 和频率 f_1 的比值为常数，即认为 $U_1 = E_1$，保持 U_1/f_1 = 常数即可，这就是恒压频比控制方式，是近似的恒磁通控制。

当频率较低时，U_1 和 E_1 都较小，定子漏阻抗压降（主要是定子电阻压降）不能再忽略。这种情况下，可以人为地适当提高定子电压以补偿定子电压降的影响，使气隙磁通基本保持不变。如图1-14所示，其中，曲线1为 U_1/f_1 = C 时的电压与频率关系，曲线2为有电压补偿时（近似的 E_1/f_1 = C）的电压与频率关系。实际装置中 U_1 与 f_1 的函数关系并不简单地如曲线2所示。通用变频器中 U_1 与 f_1 之间的函数关系有很多种，可以根据负载性质和运行状况加以选择。

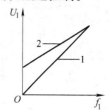

图1-14　U/f 控制关系

（2）基频以上的弱磁变频调速　这是考虑由基频开始向上调速的情况。频率由额定值

f_{IN} 向上增大，但电压 U_1 受额定电压 U_{IN} 的限制不能再升高，只能保持 $U_1 = U_{IN}$ 不变，必然会使主磁通随着 f_1 的上升而减小，相当于直流电动机弱调速的情况，属于近似的恒功率调速方式。

综合上述两种情况，异步电动机变频调速的基本控制方式如图 1-15 所示。

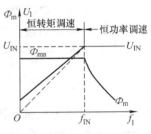

图 1-15　基本控制方式

由上面的分析可知，异步电动机的变频调速必须按照一定的规律同时改变其定子电压和频率，即必须通过变频装置获得电压、频率均可调节的供电电源，实现所谓的 VVVF（Variable Voltage Variable Freqency）调速控制。通过变频器可适应这种异步电动机变频调速的基本要求。

二、变频器的种类

1. 按变频器的工作原理分类

（1）交—交变频器　单相交—交变频器的原理框图如图 1-16 所示。它只有一个变换环节就可以把恒压恒频（CVCF）的交流电源转换为变压变频（VVVF）的电源，因此，称为直接变频器，或称为交—交变频器。

图 1-16　交—交变频器的原理框图

（2）交—直—交变频器　交—直—交变频器又称为间接变频器。基本组成电路有整流电路和逆变电路两部分，整流电路将工频交流电整流成直流电，逆变电路再将直流电逆变成频率可调节的交流电。根据变频电源的性质可分为电压型变频和电流型变频。交—直—交变频器的原理框图如图 1-17 所示。

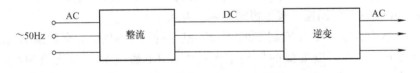

图 1-17　交—直—交变频器的原理框图

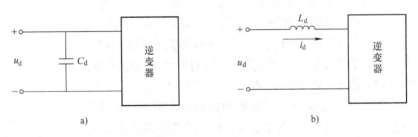

图 1-18　电压型和电流型变频器的主电路结构

a）电压型变频器　b）电流型变频器

1）电压型变频器。在电压型变频器中，整流电路产生的直流电压，通过电容进行滤波后供给逆变电路。由于采用大电容滤波，故输出电压波形比较平直，在理想情况下可以看成一个内阻为零的电压源，逆变电路输出的电压为矩形波或阶梯波。电压型变频器多用于不要求正反转或快速加减速的通用变频器中。电压型变频器的主电路结构如图 1-18a 所示。

2）电流型变频器。当交—直—交变频器的中间直流环节采用大电感滤波时，直流电流波形比较平直，因而电源内阻很大，对负载来说基本上是一个电流源，逆变电路输出的电流为矩形波。电流型变频器适用于频繁可逆运转的变频器和大容量的变频器中。电流型变频器的主电路结构如图 1-18b 所示。

（3）变频器的特点　交—交变频器与交—直—交变频器的主要特点比较见表 1-1。

表 1-1　交—交变频器与交—直—交变频器主要特点比较

比较项目＼类别	交—直—交变频器	交—交变频器
换能形式	两次换能，效率略低	一次换能，效率较高
换相方式	强迫换相或负载谐振换相	电源电压换相
装置元器件数量	元器件数量较少	元器件数量较多
调频范围	频率调节范围宽	一般情况下，输出最高频率为电网频率的 1/3 ~ 1/2
电网功率因数	用可控整流调压时，功率因数在低压时较低；用斩波器或 PWM 方式调压时，功率因数高	较低
适用场合	可用于各种电力拖动装置、稳频稳压电源和不停电电源	特别适用于低速大功率拖动

说明：根据调压方式的不同，交—直—交变频器又分为脉幅调制和脉宽调制两种。

1）脉幅调制（PAM）：就是改变电压源的电压 E_d 或电流源的电流 I_d 的幅值进行输出控制的方式。因此，在逆变器部分只控制频率，整流器部分只控制电压或电流。

2）脉宽调制（PWM）：指变频器输出电压的大小是通过改变输出脉冲的占空比来实现的。目前使用最多的是占空比按正弦规律变化的正弦波脉宽调制方式，即 SPWM 方式。

2. 按变频器的控制方式分类

按控制方式不同变频器可以分为 U/f 控制、转差频率控制和矢量控制三种类型。

（1）U/f 控制变频器　U/f 控制即压频比控制。它的基本特点是对变频器输出的电压和频率同时进行控制，通过保持 U/f 恒定使电动机获得所需的转矩特性。基频以下可以实现恒转矩调速，基频以上则可以实现恒功率调速。这种控制方式电路成本低，多用于精度要求不高的通用变频器。

（2）SF 控制变频器　SF 控制即转差频率控制，是在 U/f 控制基础上的一种改进方式。在 U/f 控制方式下，如果负载变化，转速也会随之变化，转速的变化量与转差频率成正比。U/f 控制的静态调速精度较差，可采用转差频率控制方式来提高调速精度。采用转差频率控制方式，变频器通过电动机、速度传感器构成速度反馈闭环调速系统。变频器的输出频率由电动机的实际转速与转差频率之和来自动设定，从而达到在调速控制的同时也使输出转矩得到控制。该控制方式是闭环控制，故与 U/f 控制相比，调速精度与转矩动特性较优。但是由于这种控制方式需要在电动机轴上安装速度传感器，并需要依据电动机的特性调节转差频率，故通用性较差。

（3）VC变频器 VC即矢量控制，是20世纪70年代提出来的对交流电动机一种新的控制思想和控制技术，也是异步电动机的一种理想调速方法。采用U/f控制方式和转差频率控制方式的控制思想都是建立在异步电动机的静态数学模型之上的，因此动态性能指标不高。采用矢量控制方式可以提高变频调速的动态性能。VC的基本思想是将异步电动机的定子电流分解为产生磁场的电流分量（励磁电流）和与其相垂直的产生转矩的电流分量（转矩电流），并分别加以控制，即模仿直流电动机的控制方式对电动机的磁场和转矩分别进行控制，可获得类似于直流调速系统的动态性能。由于在这种控制方式中必须同时控制异步电动机定子电流的幅值和相位，即控制定子电流矢量，故这种控制方式被称为VC。

VC方式使异步电动机的高性能成为可能。VC变频器不仅在调速范围上可以与直流电动机相匹敌，而且可以直接控制异步电动机转矩的变化，所以已经在许多需要精密或快速控制的领域得到应用。

变频器三种控制方式的特性比较见表1-2。

表1-2　变频器三种控制方式的特性比较

比较项目＼类别	U/f控制	SF（转差频率）控制	VC（矢量控制）
加减速特性	加减速控制有限度，四象限运转时在零速度附近有空载时间，过电流抑制能力小	加减速控制有限度（比U/f控制有提高），四象限运转时通常在零速度附近有空载时间，过电流抑制能力中	加减速时的控制无限度，可以进行连续四象限运转，过电流抑制能力大
速度控制｜范围	1:10	1:20	1:100以上
速度控制｜响应		5~10rad/s	30~100rad/s
速度控制｜控制精度	根据负载条件转差频率发生变动	与速度检出精度、控制运算精度有关	模拟最大值的0.5% 数字最大值的0.05%
转矩控制	原理上不可能	除车辆调速等外，一般不适用	可以控制静止转矩
通用性	基本上不需要因电动机特性差异进行调整	需要根据电动机特性给定转差频率	按电动机不同的特性需要给定磁场电流、转矩电流、转差频率等多个控制量
控制构成	最简单	较简单	稍复杂

3. 按变频器的用途分类

（1）通用变频器 通用变频器的特点是其通用性。随着变频技术的发展和市场需要的不断扩大，通用变频器也在朝着两个方向发展：一是低成本的简易型通用变频器；二是高性能的多功能通用变频器。它们分别具有以下特点：

1）简易型通用变频器。它是一种以节能为主要目的而简化了一些系统功能的通用变频器。它主要应用于水泵、风扇、鼓风机等对于系统调速性能要求不高的场合，并具有体积小、价格低等方面的优势。

2）高性能的多功能通用变频器。这种变频器在设计过程中充分考虑了在变频器应用中可能出现的各种需要，并为满足这些需要在系统软件和硬件方面都做了相应的准备。在使用时，用户可以根据负载特性选择算法并对变频器的各种参数进行设定，也可以根据系统的需要选择厂家所提供的各种备用选件来满足系统的特殊需要。高性能的多功能通用变频器除了可以应用于简易型变频器的所有应用领域之外，还可以广泛应用于电梯、数控机床、电动车辆等对调速系统的性能有较高要求的场合。

（2）专用变频器

1）高性能专用变频器随着控制理论、交流调速理论和电力电子技术的发展，异步电动机的矢量控制技术得到发展，矢量控制变频器及其专用电动机构成的交流伺服系统已经达到并超过了直流伺服系统。此外，由于异步电动机还具有环境适应性强、维护简单等许多直流伺服电动机所不具备的优点，在要求高速、高精度的控制中，这种高性能交流伺服变频器正在逐步代替直流伺服系统。

2）高频变频器。在超精密机械加工中常要用高速电动机，为了满足其驱动的需要，出现了采用 PAM 控制的高频变频器，其输出主频率可达 3kHz，驱动两极异步电动机时的最高转速为 180000r/min。

3）高压变频器。高压变频器一般是大容量的变频器，最高功率可做到 5000kW，电压等级为 3kV、6kV、10kV。

三、变频器的脉宽调制技术

脉宽调制控制方式就是对逆变电路开关器件的通断进行控制，使输出端得到一系列幅值相等而宽度不等的脉冲，其脉冲宽度随正弦规律变化，用这些脉冲来代替正弦波所需要的波形。也就是在输出波形的一个周期中产生若干个脉冲，使各脉冲的等值电压为正弦波状，所获得的输出平滑且低次谐波少。按一定的规则对各脉冲的宽度进行调制，既可改变逆变电路输出电压的大小，也可以改变输出频率的大小。

如图 1-19 所示的是电压型相控交—直—交型变频电路。为了使输出电压和输出频率都得到控制，变频器通常由一个可控整流电路和一个逆变电路组成，控制整流电路以改变输出电压，控制逆变电路来改变输出频率。图 1-19 所示为电压型 PWM 交—直—交型变频电路。图 1-20 中的可控整流电路在这里由不可控整流电路代替，逆变电路采用自关断器件。这种 PWM 型变频电路的主要特点有：可以得到相当接近正弦波的输出电压；整流电路采用二极管，可获得接近于 1 的功率因数；电路结构简单；通过控制输出脉冲宽度可改变输出电压，加快了变频过程的动态响应。

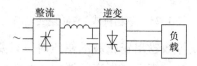

图 1-19　相控交—直—交型变频电路

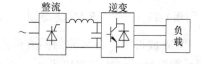

图 1-20　PWM 交—直—交型变频电路

基于上述原因，在自关断器件出现并成熟后，PWM 控制技术获得了很快的发展，已成为电力电子技术中一个重要的组成部分。

1. PWM 控制的基本原理

在采样控制理论中有一个重要的结论：即冲量相等而形状不同的窄脉冲加在具有惯性的

环节上，其效果基本相同。所谓冲量是指窄脉冲的面积。这里所说的效果基本相同，是指该环节的输出响应波形基本相同。若把各输出波形用傅里叶变换分析，则它们的低频段特性非常接近，仅在高频段略有差异。如图 1-21 所示，它们的面积（即冲量）都等于 1。把它们分别加在具有相同惯性的同一环节上，输出响应基本相同。脉冲越窄，输出的差异越小。

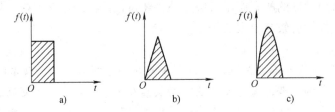

图 1-21　冲量相等形状不同的三种窄脉冲

a）矩形脉冲　b）三角形脉冲　c）正弦半波脉冲

上述结论是 PWM 控制的重要理论基础。下面来分析如何用一系列等幅而不等宽的脉冲代替正弦波。

把图 1-22a 所示的正弦半波波形 N 等分，就可以把正弦半波看成由 N 个彼此相连的脉冲所组成的波形。这些脉冲宽度相等，都等于 π/N，但幅值不等，且脉冲顶部不是水平直线，而是曲线，各脉冲的幅值按正弦规律变化。如果把上述脉冲序列用同样数量的等幅而不等宽的矩形脉冲序列代替，使矩形脉冲的中点和相应正弦等分的中点重合，且使矩形脉冲和相应正弦部分面积（冲量）相等，就得到图 1-22b 所示的脉冲序列，这就是 PWM 波形。可以看出，各脉冲的宽度是按正弦规律变化的。根据冲量相等效果相同的原理，PWM 波形和正弦半波是等效的。对于正弦波的负半周，也可以用同样的方法得到 PWM 波形。像这种脉冲的宽度按正弦规律变化而和正弦波等效的 PWM 波形，也称为 SPWM（Sinusoidal PWM）波形。

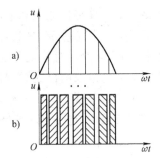

图 1-22　PWM 波形原理示意图

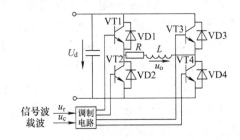

图 1-23　单相桥式 PWM 逆变电路

在 PWM 波形中，各脉冲的幅值是相等的，要改变等效输出正弦波的幅值时，只要按同一比例系数改变各脉冲的宽度即可。因此，图 1-23 的交—直—交型变频器中，整流电路采用不可控的二极管电路即可，PWM 逆变电路输出的脉冲电压就是直流侧电压的幅值。

根据上述原理，在给出了正弦波频率、幅值和半个周期内的脉冲数后，PWM 波形各脉冲的宽度和间隔就可以准确地计算出来。按照计算结果控制电路中各开关器件的通断，就可以得到所需要的 PWM 波形。但是，这种计算很繁琐，正弦波的频率、幅值等变化时，结果都会变化，较为实用的是采用调制的方法，即把所希望的波形作为调制信号，把接受调制的信号作为载波，通过对载波的调制得到所期望的 PWM 波形。一般采用等腰三角波作为载波，因为等腰三角波上下宽度与高度呈线性关系且左右对称，当它与任何一个平缓变化的调制信号波相交时，如果在交点时刻控制电路中开关器件的通断，就可以得到宽度正比于信号波幅值的脉冲，这正好符合 PWM 控制要求。当调制信号波为正弦波时，所得到的波形就是 SPWM 波形，这种情况使用最广，本章所介绍的 PWM 控制主要就是指 SPWM 控制。当调制信号不是正弦波时，也能得到与调制信号等效的 PWM 波形。

图 1-23 所示为采用电力晶体管作为开关器件的电压型单相桥式逆变电路。假设负载为电感性，对各晶体管的控制按下面规律进行：在正半周期，让晶体管 VT1 一直保持导通，而让晶体管 VT4 交替通断。当 VT1 和 VT4 都导通时，负载上所加的电压为直流电源电压 U_d。当 VT1 导通而使 VT4 关断后，由于电感性负载中的电流不能突变，负载电流将通过二极管 VD3 续流，若忽略晶体管和二极管的导通压降，则负载上所加电压为零。如负载电流较大，那么直到使 VT4 再一次导通之前，VD3 一直持续导通。如负载电流较快地衰减到零，在 VT4 再一次导通之前，负载电压也一直为零。这样，负载上的输出电压 u_o 就可得到零和 U_d 交替的两种电平。同样，在负半周期，让晶体管 VT2 保持导通。当 VT3 导通时，负载被加上负电压 $-U_d$，当 VT3 关断时，VD4 续流，负载电压为零，负载电压 u_o 可得到 U_d 和零交替的两种电平。这样，在一个周期内，逆变器输出的 PWM 波形就有 $\pm U_d$ 和 0 三种电平。

控制 VT4 或 VT3 通断的方法如图 1-23 所示。载波 u_c 在信号波 u_r 的正半周为正极性的三角波，在负半周为负极性的三角波，调制信号 u_r 为正弦波。在 u_r 和 u_c 的交点时刻控制晶体管 VT4 或 VT3 的通断，在 u_r 的正半周，VT1 保持导通，当 $u_r > u_c$ 时使 VT4 导通，负载电压 $u_o = -u_d$；当 $u_r < u_c$ 时，使 VT4 关断，$u_o = 0$；在 u_r 的负半周，VT1 关断，VT2 保持导通，当 $u_r < u_c$ 时使 VT3 导通，$u_o = -u_d$；当 $u_r > u_c$ 时，使 VT3 关断，$u_o = 0$。这样，就得到了 SPWM 波形，如图 1-24 所示。图中的虚线 u_{of} 表示 u_o 中的基波分量。像这种在 u_r 的半个周期内三角波载波只在一个方向变化，所得到的 PWM 波形也只在一个方向变化的控制方式称为单极性 PWM 控制方式。

与单极性 PWM 控制方式不同的是双极性 PWM 控制方式。图 1-24 所示的单相桥式逆变电路在采用双极性控制方式时的波形如图 1-25 所示。仍然在调制信号 u_r 和载波信号 u_c 的交点时刻控制各开关器件的通断。在 u_r 的正负半周，对各开关器件的控制规律相同，当 $u_r > u_c$ 时，给晶体管 VT1 和 VT4 以导通信号，给 VT1 和 VT4 以关断信号，输出电压 $u_o = -u_{do}$，可以看出，同一个半桥上下两个桥晶体管的驱动信号极性相反，处于互补工作方式。当感性负载电流较大时，直到下一次 VT1 和 VT4 重新导通前，负载电流方向始终未变，VD2 和

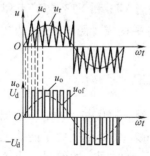

图 1-24 单极性 PWM 波形

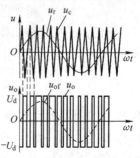

图 1-25 双极性 PWM 波形

14

VD3 持续导通，而 VT2 和 VT3 始终未导通。从 VT2 和 VT3 导通向 VT1 和 VT4 导通切换时，VD1 和 VD4 的续流情况和上述情况类似。

在 PWM 型逆变电路中，使用最多的是图 1-26 所示的三相桥式逆变电路，其控制方式一般都采用双极性方式。U、V 和 W 三相的 PWM 控制通常共有一个三角波载波 u_c，三相调

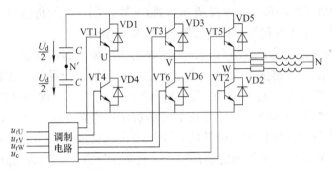

图 1-26　三相桥式逆变电路

制信号 u_{rU}、u_{rV} 和 u_{rW} 的相位依次相差 120°。U、V 和 W 各相功率开关器件的控制规律相同，现以 U 相为例来说明。当 $u_{rU} > u_c$ 时，给上桥臂晶体管 VT1 以导通信号，给下桥臂晶体管 VT4 以关断信号，则 U 相相对于直流电源假想中点 N′ 的输出电压 $u_{UN'} = u_d/2$。当 $u_{rU} < u_c$ 时，给 VT4 以导通信号，给 VT1 以关断信号，则 $u_{UN'} = -u_d/2$。VT1 和 VT4 的驱动信号始终是互补的。当给 VT1（VT4）加导通信号时，可能是 VT1（VT4）导通，也可能是二极管 VD1（VD4）续流导通，这要由感性负载中原来电流的方向和大小来决定，和单相桥式逆变电路双极性 PWM 控制时的情况相同。V 相和 W 相的控制方式和 U 相相同。$u_{UN'}$、$u_{VN'}$ 和 $u_{WN'}$ 的波形如图 1-27 所示。这些波形都只有 ±u_d 两种电平。像这种逆变电路相电压（$u_{UN'}$、$u_{VN'}$、$u_{WN'}$）只能输出两种电平的三相桥式电路，无法实现单极性控制。图中线电压 u_{UV} 的波形可由 $u_{UN'} - u_{VN'}$ 得出。当 VT1 和 VT6

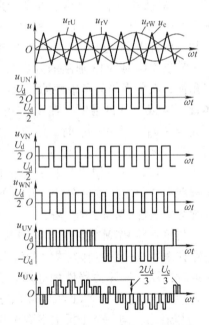

图 1-27　三相 PWM 逆变电路波形

导通时，$u_{UV} = U_d$，当 VT3 和 VT4 导通时，$u_{UV} = -U_d$，当 VT1 和 VT3 或 VT4 和 VT6 导通时，$u_{UV} = 0$，因此，逆变器输出线电压由 ±U_d、0 三种电平构成。图 1-26 中的负载相电压可由下式求得：

$$U_{UN} = U_{UN'} - \frac{(u_{UN'} + u_{VN'} + u_{WN'})}{3} \tag{1-4}$$

从图 1-26 中可以看出，它由 (±2/3)U_d、(±1/3)U_d 和 0 共 5 种电平组成。在双极性 PWM 控制方式中，同一相上下两个驱动信号都是互补的。但实际上为了防止上下两个管子直通而造成短路，在给一个桥臂加关断信号后，再延迟 Δt 时间，才给另一个施加导通信号。延迟时间的长短主要由功率开关器件的关断时间决定。这个时间将影响输出的 PWM 波

形，使其偏离正弦波。

2. PWM 型逆变电路的控制方式

在 PWM 型逆变电路中，载波频率 f_c 与调制信号频率 f_r 之比 $N = f_c/f_r$ 称为载波比，根据载波信号调制信号是否同步及载波比的变化情况，PWM 逆变电路可以分为异步调制和同步调制两种控制方式。

（1）异步调制　载波信号和调制信号不保持同步关系的调制方式称为异步调制。图1-27中的波形就是异步调制三相 PWM 波形。在调制信号的半个周期内，输出脉冲的个数不固定，脉冲相位也不固定，正负半周期的脉冲不对称，同时，半周期内前后 1/4 周期的脉冲也不对称。

当调制信号频率较低时，载波比 N 较大，半周期内的脉冲数较多，正负半周期脉冲不对称和半周期内前后 1/4 周期脉冲不对称的影响都较大，输出波形接近正弦波。当调制信号频率增大时，载波比 N 减小，半周期内的脉冲数减少，输出脉冲的不对称性影响就变大，还会出现脉冲跳动现象。同时，输出波形和正弦波之间的差异也变大，电路输出特性变坏。宜使在调制信号频率较高时仍能保持较大的载波比，改善输出特性。

（2）同步调制　载波比 N 等于常数，并在变频时使载波信号和调制信号保持同步的调制方式称为同步调制，如图 1-28 所示波形是 $N = 9$ 时的同步调制三相 PWM 波形。

在逆变电路输出频率很低时，因为在半周期内输出脉冲的数目是固定的，所以由 PWM 产生的 f_c 附近的谐波频率也相应降低。这种频率较低的谐波通常不易滤除，如果负载为电动机，则会产生较大的转矩脉动和噪声。

为克服上述缺点，一般都采用分段同步调制的方法，即把逆变电路的输出频率范围划分成若干个频段，每个频段内都保持载波比 N 恒定，不同频段的载波比不同。在输出频率的高频段采用较低的载波比，以使载波频率不致过高，保持在功率不致过低而对负载产生不利的影响，各频段的载波比应该都取 3 的整数倍且为奇数。

如图 1-29 所示为分段同步调制的一个例子，各频率段的载波比标在图中。为了防止频率在切换点附近时载波比来回跳动，在各频率切换点采用了后切换的方法。图中切换点处的实现表示输出频率增高时的切换频率，虚线表示输出频率降低时的切换频率，前者略高于后者而形成后切换。载波频率还受到微型计算机计算速度和控制算法计算量的限制。

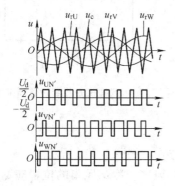

图 1-28　同步调制三相 PWM 波形

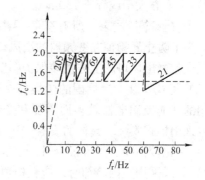

图 1-29　分段同步调制

同步调制方式比异步调制方式复杂一些，但使用微型计算机控制时还是容易实现的。也有些电路在低频输出时采用异步调制方式，而在高频输出时切换到同步调制方式，这种方式可把两者的优点结合起来和分段同步调制方式的效果接近。

第三节 变频器的安装与维护

一、变频器的安装

1. 通用变频器的安装要求

变频器属于电子器件装置，为了确保变频器的安全、可靠地稳定运行，变频器的安装环境应满足下列要求：

（1）环境温度 温度是影响变频器使用寿命及可靠性的重要因素，一般要求为 -10 ~ 40℃。若散热条件好（如除去外壳），则上限温度可提高到50℃。如果变频器长期不用，存放温度最好为 -10 ~ 30℃。如果不能满足这些要求，应安装空调器。

（2）环境湿度 相对湿度不超过90%（无结露现象）。对于新建厂房和在阴雨季节，每次开机前，应检查变频器是否有结露现象，以避免变频器发生短路故障。

（3）安装场所 在海拔1000m以下使用。若海拔超过1000m，则其散热能力下降，变频器最大允许输出电流和电压都要降低使用。

在室内使用，安装位置应无直射阳光、无腐蚀性气体及易燃气体、尘埃少的环境。潮湿、腐蚀性气体及尘埃是造成变频器内部电子元器件生锈、接触不良、绝缘性能降低的重要因素。对于有导电性尘埃的场所，要采用封闭结构。对有可能产生腐蚀性气体的场所，应对控制板进行防腐处理。

2. 变频器的安装说明

（1）墙挂式安装 由于变频器本身具有较好的外壳，故在一般情况下，允许直接靠墙安装，称为墙挂式，如图1-30所示。

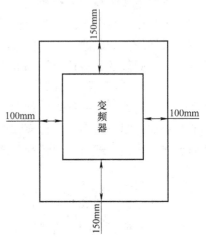

为了具有良好的通风，变频器与周围阻挡物之间的距离应符合以下要求：

1）两侧大于或等于100mm。

2）上下方大于或等于150mm。

为了改善冷却效果，所有变频器都应垂直安装。此外，为了防止异物掉在变频器的出风口而阻塞风道，最好在变频器出风口的上方加装保护网罩。

图1-30 墙挂式安装变频器周围的间隙

（2）柜式安装 当周围的尘埃较多时，或和变频器配用的其他控制电器较多而需要和变频器安装在一起时，采用柜式安装。具体的安装方法如下：

1）在比较洁净、尘埃很少时，尽量采用柜外冷却方式，如图1-31a所示。

2）如果采用柜内冷却时，应在柜顶加装抽风式冷却风扇。冷却风扇的位置应尽量在变频器的上方，如图1-31b所示。

当一台控制柜内装有两台或两台以上变频器时，应尽量并排安装（横向排列），如图1-32a所示；若必须采用纵向排列，则应在两台变频器间加一块隔板，以避免下面变频器出来的热风直接进入到上面的变频器内，如图 1-32b 所示。

变频器在控制柜内请勿上下颠倒或平放安装，变频控制柜在室内的空间位置，要便于变频器的定期维护。

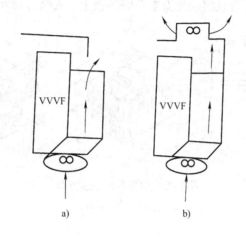

图 1-31　变频器周围的间隙
a）柜外冷却方式　b）柜内冷却方式

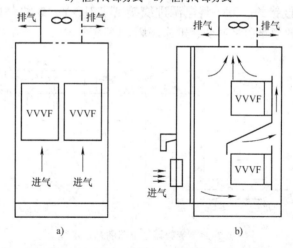

图 1-32　两台变频器在电气柜中的安装方法
a）横向排列　b）纵向排列

3. 变频器的安装注意事项

1）变频器使用了塑料零件，为了不造成破损，要小心使用，不要在前盖板上使用太大的力。

2）变频器应安置在不易受振动的地方，注意台车、冲床等的振动的影响。

3）注意周围的温度。周围温度对变频器使用寿命的影响很大，因此安装场所的周围温度不能超过允许温度（ $-10 \sim +50$℃）。

4）安装在不可燃的表面上。变频器可能达到很高的温度（最高约150℃），为了使热量易于散发，变频器应安装在不可燃的表面上，并在其周围留有足够的空间散热，如图 1-30 所示。

5）避免安装在阳光直射、高温和潮湿的场所。

6）避免安装在油雾、易燃性气体、棉尘及尘埃等较多的场所，或安装在可阻挡任何悬浮物质的封闭型屏板内。

7）变频器要用螺钉垂直且牢固地安装在安装板上，安装方向如图1-33所示。

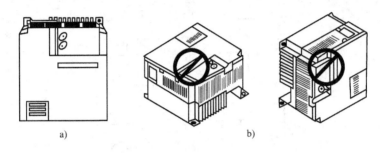

图1-33　变频器的安装方向
a）正确　b）错误

二、变频器的接线

1. 主电路的接线

（1）主电路的基本接线　变频器主电路的基本接线如图1-34所示。变频器的输入端和输出端是绝对不允许接错的。万一将电源进线接到了U、V、W端，则不管哪个逆变管导通，都将引起两相间的短路而将逆变管迅速烧坏。

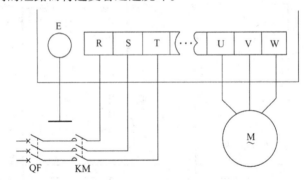

图1-34　变频器主电路的基本接线
QF—空气断路器　KM—接触器　R、S、T—变频器的输入端，接电源进线
U、V、W—变频器的输出端，接电动机

注意：不能用接触器KM的触头来控制变频器的运行和停止，应该使用控制面板上的操作键或接线端子上的控制信号；变频器的输出端不能接电力电容器或浪涌吸收器；电动机的旋转方向如果和生产工艺要求不一致，最好用调换变频器输出相序的方法，不要用调换控制端子FWD或REV的控制信号来改变电动机的旋转方向。

设计与工频电源的切换电路。某些负载是不允许停机的，当变频器万一发生故障时，必须迅速将电动机切换到工频电源上，使电动机不停止工作。电源接错的后果如图1-35所示。

（2）主电路线径的选择

1）电源与变频器之间的导线。一般来说，和同功率普通电动机的电线选择方法相同。考虑到其输入侧的功率因数往往较低，应本着宜大不宜小的原则来选取线径。

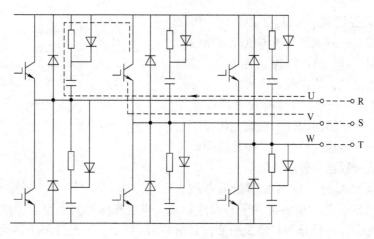

图 1-35　电源接错的后果

2）变频器与电动机之间的导线。因为频率下降时，电压也要下降，在电流相等的条件下，线路电压降 ΔU 在输出电压中的比例将上升，而电动机得到电压的比例则下降，有可能导致电动机发热。所以在决定变频器与电动机之间的导线时，最关键的因素就是降低线路电压下降的影响。一般要求如下：

$$\Delta U \leqslant (2 \sim 3)\% U_{\mathrm{N}} \tag{1-5}$$

ΔU 的计算公式为

$$\Delta U = \frac{\sqrt{3} I_{\mathrm{MN}} R_0 l}{1000} \tag{1-6}$$

式中　I_{MN}——电动机的额定电流（A）；

　　R_0——单位长度导线的电阻（mΩ/m）；

　　l——导线长度（m）。

常用电动机引出线的单位长度电阻值见表 1-3。

表 1-3　常用电动机引出线的单位长度电阻值

标称截面积/mm²	1.0	1.5	2.5	4.0	6.0	10.0	16.0	25.0	35.0
R_0/(mΩ/m)	17.8	11.9	6.92	4.40	2.92	1.73	1.10	0.69	0.49

2. 控制电路的接线

（1）模拟量控制线　模拟量控制线主要包括：

1）输入侧的给定信号线与反馈信号线。

2）输入侧的频率信号线和电流信号线。模拟量信号的抗干扰能力较低，因此必须使用屏蔽线。屏蔽层靠近变频器的一端，应接控制电路的公共端（COM），而不要接到变频器的地端（E）或大地，如图 1-36 所示。屏蔽层的另一端应该悬空。布线时还应该遵守以下原则：

① 尽量远离主电路 100mm 以上。

② 尽量不和主电路交叉，如必须有叉有时，应采取垂直交叉的方法。

（2）开关量控制线　如起动、点动、多挡转速控制等方式。一般来说，模拟量控制线的接线原则也都适用于开关量控制线。但开关量控制线的抗干扰能力较强，故在距离不远时，允许不使用屏蔽线，但同一信号的两根线必须绞在一起。如果操作台离变频器较远，应该先将控制信号转变成能远距离传送的信号，再将能远距离传送的信号转变成变频器所要求的信号。

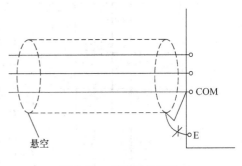

图 1-36　屏蔽线的接法

（3）变频器的接地　所有变频器都专门有一个接地端子"E"，用户应将此端子与大地相接。当变频器和其他设备，或有多台变频器一起接地时，每台设备都分别与地线相接，如图1-37a 所示；不允许将一台设备的接地端和另一台设备的接地端相接后再接地，如图1-37b所示。

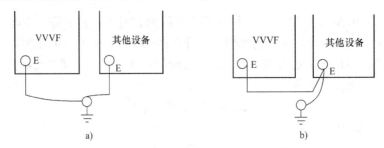

图 1-37　变频器和其他设备的接地
a）正确接法　b）错误接法

（4）大电感线圈的浪涌电压吸收电路　接触器、电磁继电器的线圈及其他各类电磁铁的线圈都具有很大的电感。在接通和断开的瞬间，由于电流的突变，它们会产生很高的感应电动势，因而在电路内形成峰值很高的浪涌电压，导致内部控制电路的误动作。所以，在所有电感线圈的两端，必须接入浪涌电压吸收电路，在大多数情况下，可采用阻容吸收电路，如图 1-38a 所示；在直流电路的电感线圈中，也可以只用一个二极管，如图 1-38b 所示。

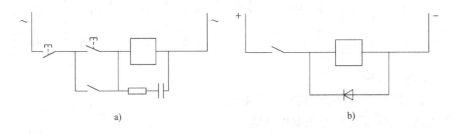

图 1-38　变频器的接线
a）阻容吸收电路　b）直流吸收电路

三、变频器的外部接口电路

变频器的外部接口电路通常包括逻辑控制指令输入电路、频率指令输入/输出电路、过程参数检测信号输入/输出电路和数字信号输入/输出电路等。而变频器和外部信号的连接需要通过相应的接口进行，如图1-39 所示。

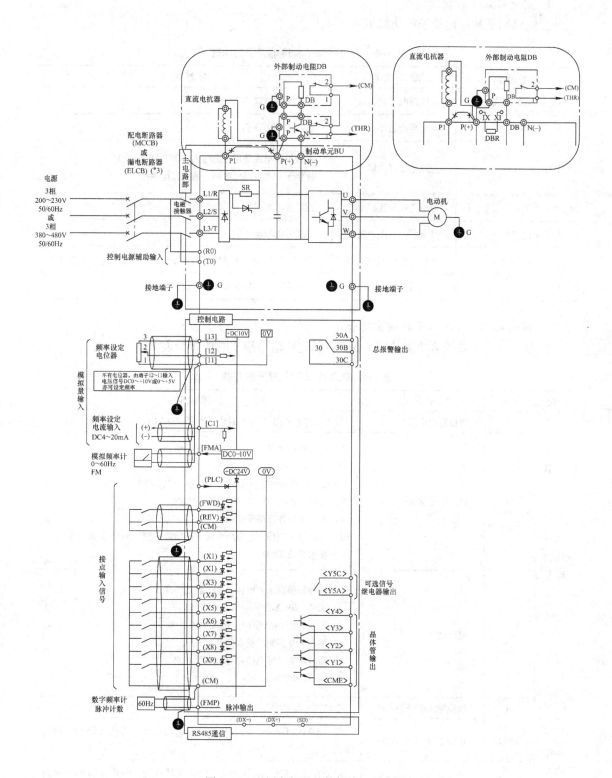

图 1-39 通用变频器的外部接口示意图

1. 主电路端子和接地端子

主电路端子和接地端子的功能见表1-4。

表1-4 主电路端子和接地端子的功能

端子标记	端子名称	功能说明
L1/R、L2/S、L3/T	主电路电源的输入	连接三相电源
U, V, W	变频器输出连接	连接三相电动机
R0, T0	控制电源辅助输入	连接控制电路备用电源输入（0.75kW 没有） 连接于和主电路电源同一的交流电源
P1, P（+）	直流电抗器连接用	连接直流电抗器
P（+）, DB	外部制动电阻连接用	连接外部制动电阻
P（+）, N（-）	主电路中间直流电路	中间直流电路电压输出，可连接外部制动单元电源再生单元
G	变频器接地	变频器箱体的接地端子，应良好接地

2. 控制电路的输入端子和输出端子

控制电路输入端子的功能见表1-5。控制电路输出端子的功能见表1-6。

表1-5 控制电路输入端子的功能

分类	端子标记	端子名称	功能说明
模拟量输入	13	电位器用电源	频率设定电位器（1~5kΩ）用电源（DC 10V）
	12	设定电压输入	1）按外部模拟输入电压命令值设定频率 ① DC 0 ~ +10V/0% ~100% ② 按±极性信号控制可逆运行：0 ~ ±10V/0% ~100% ③ 反动作运行：0 ~ +10V/0% ~100% 2）输入 PID 控制的反馈信号 3）按外部模拟输入电压命令值进行转矩控制（P11S 无此功能） 4）输入阻抗22kΩ
	C1	电流输入	1）按外部模拟输入电流命令值设定频率 ① DC 4 ~20mA/0% ~100% ② 反动作运行：DC 20 ~4mA/0% ~100% 2）输入 PID 控制的反馈信号 3）通过增加外部电路可连接 PTC 电热 输入电阻250Ω
	11	模拟输入信号公共端	模拟输入信号的公共端子
触点输入	FWD	正转运行/停止命令	端子 FWD – CM 间：闭合（ON），正转运行；断开（OFF），减速停止
	REV	反转运行/停止命令	端子 REV – CM 间：闭合（ON），正转运行；断开（OFF），减速停止

（续）

分类	端子标记	端子名称	功能说明
触点输入	X1	选择输入 1	按照规定，端子 X01~09 的功能可选择作为电动机自由旋转外部报警、报警复位、多步频率选择等命令信号 接点输入电路规范 | 项目		最小	典型	最小
---	---	---	---	---
动作电压/V	ON 电平	0	—	2
	OFF 电平	22	24	27
ON 时动作电流/mA		—	3.2	4.5
OFF 时容许漏电流/mA		—	—	0.5	 PLC ○　　　+24V FWD, REV 6.8kΩ X1~X9 ○ CM ○　　0V
	X2	选择输入 2	
	X3	选择输入 3	
	X4	选择输入 4	
	X5	选择输入 5	
	X6	选择输入 6	
	X7	选择输入 7	
	X8	选择输入 8	
	X9	选择输入 9	
	PLC	PLC 信号电源	连接 PLC 的输出信号电源（额定电压 DC 24V（22~27V））
	CM	接点输入公共端	接点输入信号的公共端子

表 1-6　控制电路输出端子的功能

分类	端子标记	端子名称	功能说明
模拟输出	FMA、（11：公共端子）	模拟监视	1）输出模拟电压 DC 0~+10V 监视信号 可选择以下信号之一作为其监视内容： ①输出频率值（转差补偿前）　　⑦负载率 ②输出频率值（转差补偿后）　　⑧输入功率 ③输出电流　　　　　　　　　　⑨PID 反馈值 ④输出电压　　　　　　　　　　⑩PG 反馈量 ⑤输出转矩　　　　　　　　　　⑪直流中间电路电压 ⑥万能 AO 2）允许连接负载阻抗：最小 5kΩ
脉冲输出	FMP、（CM：公共端子）	频率值监视（脉冲波形输出）	1）通过脉冲电压输出监视信号 2）信号内容和 FMA 信号相同 3）可连接的阻抗最小 10kΩ FMP-CM间电压波形　约15.6[V] 0V V_L:0.5V(MAX) 4）FMP 端子的输出端由晶体管构成，因此最大可以产生 0.5V 的饱和电压。电压滤波后作为模拟方式使用时，请在外部设备进行 0V 调整

（续）

分类	端子标记	端子名称	功能说明
晶体管输出	Y1	晶体管输出 1	变频器以晶体管集电极开路方式输出各种监视信号、如正在运行、频率到达、过载预报等信号。共有 4 路晶体管输出信号
	Y2	晶体管输出 2	
	Y3	晶体管输出 3	
	Y4	晶体管输出 4	
	CME	晶体管输出公共端	晶体管输出信号的公共端子 端子 CM 和 11 在变频器内部相互绝缘
接点输出	30A, 30B, 30C	总报警输出继电器	变频器报警停止后，通过继电器触点输出信号。 接点容量：AC250V 0.3A COS φ = 0.3 （低电压指令对应时为 DC48V 0.5A） 可选择在异常时励磁或正常时励磁
	Y5A, Y5C	可选信号输出继电器	可选择 Y1 ~ Y4 端子类似的选择信号作为其输出信号 触点容量和总报警继电器相同
通信	DX +，DX −	RS485 通信输入/输出	RS485 通信的输入/输出信号端子。采用菊花链方式可最多连接 31 台变频器
	SD	通信电缆屏蔽层连接端	连接通信电缆的屏蔽层。此端子在电气上浮置

功能说明栏（Y1~Y4）内含：

晶体管输出电路规范

项　目		最小	典型	最小
动作电压/V	ON 电平	—	1	2
	OFF 电平	—	24	27
ON 时最大负载电流/mA		—	—	50
OFF 时漏电流/mA		—	—	0.1

Y1~Y4
28~30V
CME

（1）模拟输入端子（12，13，C1，11）

1）由于要处理微弱的模拟信号，特别是这种信号容易受到外部噪声的影响，因此布线应尽量短一些（20m 以下），电缆最好使用屏蔽线。另外，屏蔽线的金属外层一般都是与接地线连接，但是在外部感应干扰比较大的情况下，可能连接 11 端子的效果会比较好，如图 1-40 所示。

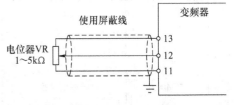

图 1-40　使用屏蔽线

2）若在此电路中使用触点，则应使用能处理弱信号的双叉触点。另外，端子 11 不要使用触点控制。

3）连接模拟信号输出设备时，有时会由于变频器产生的干扰而引起误动作。发生这种情况时，可在外部模拟信号输出设备侧连接电容器或铁氧体磁心，如图 1-41 所示。

（2）接点输入端子（FWD、REV、X1～X9、PLC、COM）

1）接点信号端子（FWD、REV、X1～X9等）和COM端子间一般是闭合/断开（ON/OFF）动作，使用外部电源配合程序控制器的开路集电极输出ON/OFF控制，有时会发生电源窜扰，造成误动作。在这种场合，应使用PLC端子，按图1-42所示方法连接。

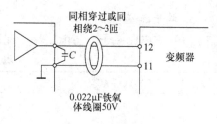

图1-41 干扰对策

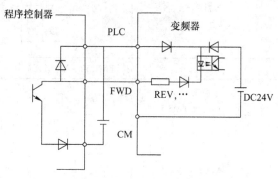

图1-42 防止外部电源窜扰方法

2）采用触点输入控制时，为防止发生接触不良现象，应使用对弱信号接触可靠性高的触点。

（3）晶体管输出端子（Y1～Y4，CME）

1）晶体管输出电路的结构见表1-5。此时，应注意正确连接外部电源的极性。

2）连接控制继电器时，在其励磁线圈两端应并接浪涌吸收二极管。此时也应注意正确连接二极管的极性。

（4）控制电路配线（FRN2.2G11S－4CX）　如图1-43所示，沿着变频器左侧板引出。配线用束线绑带（绝缘扣等）在引出途中使其固定在已有的电缆固定孔上。使线绑带穿过固定孔（φ3.8mm×1.5mm），所以其尺寸应小于宽3.8mm，厚1.5mm。

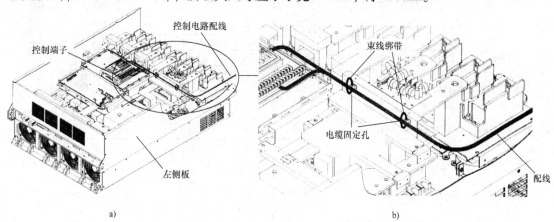

a)　　　　　　　　　　b)

图1-43 变频器控制电路配线与接线

a）变频器控制电路配线　b）变频器控制电路接线

3. 端子配置

（1）主电路端子　主电路端子配置见表1-7。

表1-7　主电路端子配置

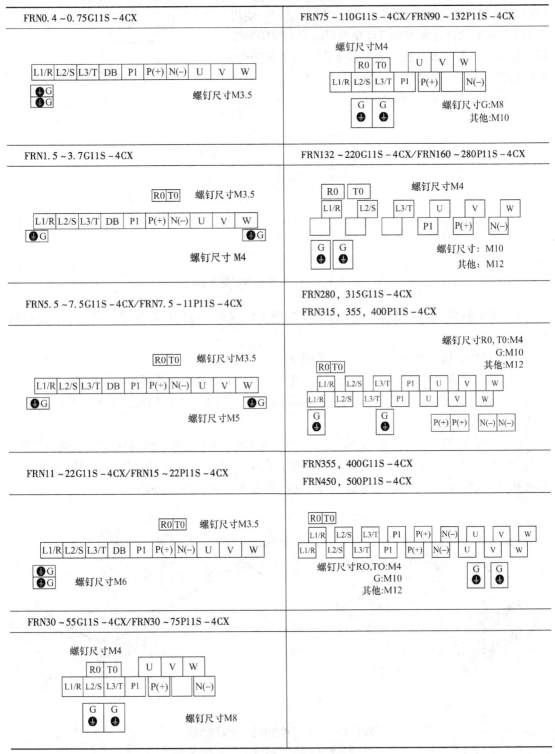

（2）控制电路端子　控制电路端子配置如图1-44所示。

四、变频器的日常检查与维护

1. 变频器的日常检查

变频器在运行过程中，可以从设备外部目视检查运行状况有无异常。主要检查项目有：

1）电源电压是否在允许范围内。

2）冷却系统是否运转正常。

3）变频器、电动机是否过热、变色或有异味。

4）变频器、电动机是否有异常振动和声音。

5）安装地点的环境有无异常。

2. 变频器的定期维护

定期维护应放在暂时停产期间，在变频器停机后进行。主要项目有：

1）对紧固件进行必要的紧固。

2）清扫冷却系统积尘。

3）检查绝缘电阻是否在允许范围内。

4）检查导体、绝缘物是否有腐蚀、变色或破损。

5）确认保护电路的动作。

6）检查冷却风扇、滤波电容器、接触器等工作情况。

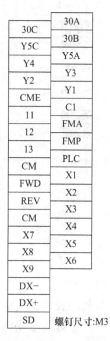

图1-44　控制电路端子

3. 维护注意事项

1）操作前必须切断电源，且在主电路滤波电容器放电完毕，电源指示灯 HL 熄灭后再行作业，以确保操作者的安全。

2）在出厂前，生产厂家都已对变频器进行了初始设定，一般不能任意改变这些设定。而在改变了初始设定后又希望恢复初始设定值时，一般需进行初始化操作。

3）在新型变频器的控制电路中使用了许多 CMOS 芯片，用手指直接触摸电路板将会使这些芯片因静电作用而损坏。

4）在通电状态下不允许进行改变接线或拔插连接件等操作。

5）在变频器工作过程中不允许对电路信号进行检查。这是因为连接测量仪表时所出现的噪声以及误操作可能会使变频器出现故障。

6）当变频器发生故障而无故障显示时，注意不能再轻易通电，以免引起更大的故障。这时应切断电源并进行电阻特性参数测试，以便初步查明故障原因。

第二章 变频器的基本应用

第一节 变频器的基本操作

变频器控制电动机，运行其各种性能和运行方式的实现均是通过许多的参数设定来实现的，不同的参数都定义着某一个功能，不同的变频器参数的多少是不一样的。总体来说，有基本功能参数、运行参数、定义控制端子功能参数、附加功能参数、运行模式参数等，理解这些参数的意义，是应用变频器的基础。

一、键盘面板操作体系

1. 面板操作体系的基本结构

（1）正常运行时　正常运行时，键盘面板操作体系的基本结构如图 2-1 所示。

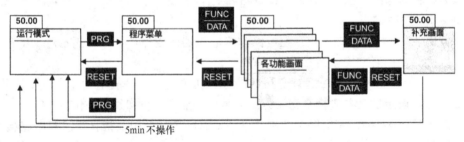

图 2-1　键盘面板操作体系

注意：若 5min 不操作，则自动转入运行模式。

（2）报警发生时　报警发生时，保护功能动作，即发生报警时，键盘面板将由正常运行时的操作体系自动转换为报警时的操作体系。报警发生时出现的报警模式画面显示各种报警信息，如图 2-2 所示。

至于程序菜单、各种功能画面和补充画面仍和正常运行时的情况一样，但是，由程序菜单转换为报警模式只能通过 **PRG** 键来实现。此外，若 5min 不操作，仍会自动转入报警模式。

2. 各层次显示内容概要

（1）运行模式　正常运行状态画面，仅在此画面显示时，才能由键盘面板设定频率以及更换 LRD 的监视内容。

（2）程序菜单　键盘面板的各功能以菜单方式显示和选择，可按照菜单选择必要的功能，按 **FUNC DATA** 键，即能显示所选功能的画面。键盘面板的各种功能（菜单）见表 2-1。

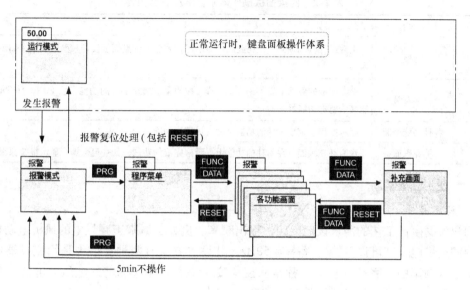

图 2-2 报警模式

表 2-1 键盘面板的各种功能（菜单）

序号	菜单名称	功 能 说 明
1	数据设定	显示功能代码和名称，选择所需功能，转换为数据设定画面，进行确认和修改数据
2	数据确认	显示功能代码和数据，选择所需功能，进行数据确认，可转换为和上述一样的数据设定画面，进行修改数据
3	运行监视	监视运行状态，确认各种运行数据
4	I/O 检查	作为 I/O 检查，可以对变频器和选件卡的输入/输出模拟量和输入/输出接点的状态进行检查
5	维护信息	作为维护信息，能确认变频器的工作状态、预期寿命、通信出错情况和 ROM 版本信息等
6	负载率	作为负载测定，可以测定最大和平均电流以及平均制动功率
7	报警信息	借此能检查最新发生报警时的运行状态和输入/输出状态
8	报警原因	能确认最新的报警和同时发生的报警以及报警历史 选择报警的按 FUNC DATA 键，即可显示其报警原因及有关故障诊断内容
9	数据复制	能将记忆在一台变频器中的功能数据复制到另一台变频器中

（3）各种功能画面　显示按程序菜单选择的功能画面，借以完成相应功能。

（4）补充画面　作为补充画面，在单独的功能上显示未完成的功能，如变更数据、显示报警原因等。

键盘面板操作体系各层次显示内容见表 2-2。

表 2-2　键盘面板操作体系各层次显示内容

序号	层次名	显示内容
1	运行模式	正常运行状态画面,仅在此画面显示时,才能由键盘面板设定频率以及更换 LED 的监视内容
2	程序菜单	键盘面板的各功能以菜单方式选择,按照菜单选择必要的功能,按 FUNC/DATA 键,即能显示所选功能的画面
3	各种功能画面	显示按程序菜单选择的功能画面,以完成功能
4	补充画面	作为补充画面,在单独的功能上显示未完成的功能,如变更数据、显示报警原因等

二、基本频率参数

1. 给定频率

用户根据生产工艺的需求设定变频器输出频率。例如:原来工频供电的风机电动机现改为变频调速供电,就可设置给定频率为 50Hz,其设置方法有两种:一种是用变频器的操作面板来输入频率的数字量 50;另一种是从控制接线端上用外部给定(电压或电流)信号进行调节,最常见的形式就是通过外接电位器来完成。

(1) 给定频率方式的选择功能　频率给定可有三种方式供用户选择:

1) 面板给定方式。通过面板上的键盘设置给定频率。

2) 外接给定方式。通过外部的模拟量或数字输入给定端口,将外部频率给定信号输入变频器。

3) 通信接口给定方式。由计算机或其他控制器通过通信接口进行给定。

(2) 外接给定信号的选择　外接给定信号有以下两种:

1) 电压信号。电压信号一般有 $0 \sim 5V$、$0 \sim \pm 5V$、$0 \sim 10V$、$0 \sim \pm 10V$ 等几种。

2) 电流信号。电流信号一般有 $0 \sim 20mA$、$4 \sim 20mA$ 两种。

2. 输出频率

输出频率即变频器实际输出的频率。当电动机所带的负载变化时,为使拖动系统稳定,此时变频器的输出频率会根据系统情况不断地调整。因此输出频率是在给定频率附近经常变化的。

3. 基准频率

基准频率也叫做基本频率,用 f_b 表示。一般以电动机的额定频率 f_N 作为基准频率 f_b 的给定值。

基准电压是指输出频率到达基准频率时变频器的输出电压,基准电压通常取电动机的额定电压 U_N。基准电压和基准频率的关系如图 2-3 所示。

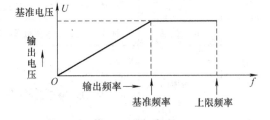

图 2-3　基准电压和基准频率的关系

4. 上限频率和下限频率

上限频率和下限频率是指变频器输出的最高、最低频率,常用 f_H 和 f_L 来表示。根据拖动系统所带的负载不同,有时要对电动机的最高、最低转速给予限制,以保证拖动系统的安全和产品的质量,另外,由操作面板的误操作及外部指令信号的误动作引起的频率过高和过低，设置上限频率和下限频率可起到保护作用。常用的方法就是给变频器的上限频率和下限频率赋值。当变频器的给定频率高于上限频率f_H或者是低于下限频率f_L时，变频器的输出频率将被限制在上限频率或下限频率，如图2-4所示。

三、其他频率参数

1. 点动频率

点动频率是指变频器在点动时的给定频率。生产机械在调试以及每次新的加工过程开始前常需进行点动，以观察整个拖动系统各部分的运转是否良好。为防止意外，大多数点动运转的频率都较低。如果每次点动前都需将给定频率修改成点动频率是很麻烦的，所以一般的变频器都提供了预置点动频率的功能。如果预置了点动频率，

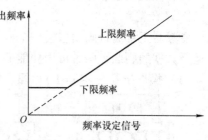

图2-4 上限频率和下限频率

则每次点动时，只需要将变频器的运行模式切换至点动运行模式即可，不必再改动给定频率了。

2. 载波频率（PWM频率）

在第1章中，阐述了PWM变频器的输出电压是一系列脉冲，脉冲的宽度和间隔均不相等，其大小取决于调制波（基波）和载波（三角波）的交点。载波频率越高，一个周期内脉冲的个数越多，也就是说脉冲的频率越高，电流波形的平滑性就越好，但是对其他设备的干扰也越大。载波频率如果预置不合适，还会引起电动机铁心的振动而发出噪声，因此，一般的变频器都提供了PWM频率调整的功能，使用户在一定的范围内可以调节该频率，从而使得系统的噪声最小，波形平滑性最好，同时干扰也最小。载波频率关系见表2-3。

表2-3 载波频率关系

载波频率	电磁噪声	杂音、泄漏电流	电流波形
1kHz	大	小	
8kHz	↓	↑	↓
15kHz	小	大	

3. 起动频率

起动频率是指电动机开始起动时的频率，常用f_S表示；这个频率可以从0开始，但是对于惯性较大或是摩擦转矩较大的负载，需加大起动转矩。此时可使起动频率加大至f_S，此时起动电流也较大。一般的变频器都可以预置起动频率，一旦预置该频率，变频器对小于起动频率的运行频率将不予理睬。

给定起动频率的原则是：在起动电流不超过允许值的前提下，拖动系统能够顺利起动为宜。

4. 多挡转速频率

由于工艺上的要求，很多生产机械在不同的阶段需要在不同的转速下运行。为方便这种

负载，大多数变频器均提供了多挡频率控制功能。它是通过几个开关的通、断组合来选择不同的运行频率。

四、键盘面板操作方法

1. 运行模式

变频器正常运行画面包括一个显示变频器运行状态和操作指导信息以及另一个由棒图显示运行数据的画面。两者可用功能 E45 进行切换。

（1）操作指导（E45 = 0） 操作指导如图 2-5 所示。

图 2-5　操作指导

（2）棒图（E45 = 1） 棒图如图 2-6 所示。

图 2-6　棒图

2. 频率的数字设定方法

1）显示运行模式画面时，按 ∧ ∨ 键，LED 监视器上显示设定频率值。开始时，可按最小单位数据增加或减小，若连续按着 ∧ ∨ 键，则增加或减小的速度加快。

另外，还可以用 SHIFT》键任意选择要改变数据的位，直接改变数据。需保存设定频率时，按下 FUNC/DATA 键可将它存入存储器。

2）按 RESET 或按 PRG 键可恢复运行模式。

3）若不选择键盘面板设定，则这时的频率设定模式将显示在 LCD 监视器上。

4）当选用 PID 功能时，可根据过程值设定 PID 命令。

5）可通过键盘面板进行设定频率的保存。键盘面板的频率初始值为 0.001Hz。若需要保存修改后的频率，可在修改频率设定后，在第 7 块 LED 高速闪烁的 5s 内按 FUNC/DATA 键，这样设定频率会被保存在变频器内部。注意：若超过 5s，即使按 FUNC/DATA 键也无法保存修改后的设定频率。

① 数字（键盘面板）设定（F01 = 0 或 C30 = 0）：数字设定如图 2-7 所示。

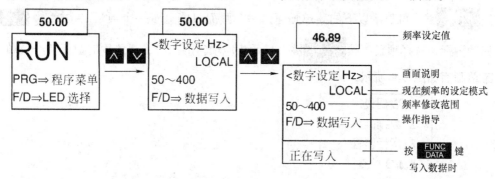

图 2-7　数字设定

② 非数字设定：非数字设定如图 2-8 所示。

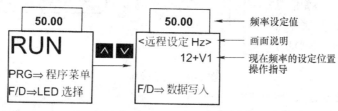

图 2-8　非数字设定

3. LED 监视内容更换

在正常运行模式下，按 FUNC DATA 键，可更换 LED 监视器的监视内容，电源投入使用时，LED 监视器显示的内容由功能（E43）设定。LED 监视器显示的内容见表 2-4。

表 2-4　LED 监视器显示的内容

E43	停止中		运行中（E44 = 0.1）	单位	备注
	E44 = 0	E44 = 1			
0	频率设定值	输出频率 1（转差补偿后）		Hz	—
1	频率设定值	输出频率 2（转差补偿后）			—
2	频率设定值	频率设定值			—
3	输出电流	输出电流		A	—
4	输出电压（命令值）	输出电压（命令值）		V	—
5	同步转速设定值	同步转速		r/min	高于 4 位数时，丢弃低位数。由指示器的 ×10、×100 作为标识
6	线速度设定值	线速度		m/min	
7	负载转速设定值	负载转速		r/min	
8	转矩计算值	转矩计算值		%	有 ± 指示
9	输入功率			kW	
10	PID 命令值	PID 命令值		—	
11	PID 远方命令值	PID 远方命令值		—	仅当 PID 动作选择
12	PID 反馈量	PID 反馈量		—	

34

4. 菜单画面

按 PRG 键，可显示以下的菜单画面，一个画面只能显示一个项目。按 ∧ ∨ 键，可以移动游标，选择项目。按 FUNC/DATA 键，显示相应项目的内容，只能同时显示4个菜单。

菜单画面如图2-9所示。

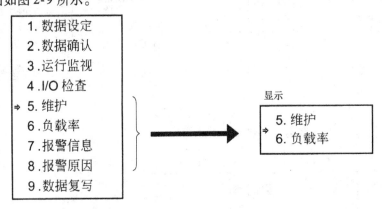

图2-9 菜单画面

5. 功能数据设定方法

从运行模式画面转换到编程菜单画面，选择"1. 数据设定"后，将显示有功能码和功能码名称的选择画面，此时再选择所需功能码，如图2-10所示。

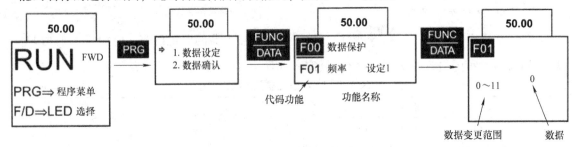

图2-10 功能数据设定方法

功能码由字母和数字构成，每个功能组由一组大写字母表示，见表2-5。

表2-5 功能码

功能码	功 能	备 注
F00 ~ F42	基本功能	—
E01 ~ E47	端子功能	
C01 ~ C33	控制功能	
P01 ~ P09	电动机1参数	
H03 ~ H39	高级功能	
A01 ~ A18	电动机2参数	
U01 ~ U61	用户功能	
O01 ~ O55	可选功能	仅在连接有选件卡时可选用

1）选择所需功能时，可用 ≫ + ∧ 或 ≫ + ∨ 键按功能作为单位进行转移，这样便于大范围快速选择所需功能，如图 2-11 所示。

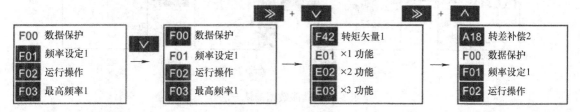

图 2-11　选择功能

2）选择所需功能按 FUNC/DATA 键转入数据设定画面。

3）在数据设定画面上，用 ∧ ∨ 键能以 LCD 显示数据的最小单位增大或减小数据。若持续按着 ∧ ∨ 键，则数据变更将进位和退位，同时，变更的速度加快。

另外，按 ≫ 键可任意选择数位，直接设定数据。变更的数据和变更前的原数据同时显示，可用于参数对照。一旦数据确定，可按 FUNC/DATA 键将数据写入存储器。若不考虑改变数据，则可在写入前按 RESET 键，恢复功能选择画面。变更的数据用 FUNC/DATA 键存入存储器后，将作为变频器有效的运行数据，数据仅变更，不写入，将不影响变频器的运行。

注意：在变频器处于数据保护状态或某些功能数据在变频器运行时不能变更等情况，要变更数据必须变更条件。不能变更数据的原因和解除方法见表 2-6。

表 2-6　不能变更数据的原因和解除方法

显示	不能变更的原因	解除方法
链接优先	RS485/链接选件正在写入功能数据	输入取消由 RS485 写入命令；中止链接选件写入功能
无许可信号（WE）	有扩展输入端子选择功能为数据变更允许命令	在功能 E01 ~ E09 中，对选择数据 19（数据变更允许）命令的端子，使其为 ON
数据保护	功能 F00 选择数据保护	使功能 F00 的数据改写为 "0"
正在运行	变频器正在运行，该功能属于变频器运行时不允许改变数据的功能	停止变频器运行
有 FWD/REV 连接	FWD/REV 指令有效时禁止变更的功能无法改变	断开 FWD/REV 运行命令

注意：关于功能设定，若进行了误设定或设定值不适当，则所设定的运行、功能可能无法实现，反而出现意想不到的情况。因此，一定要防止可能引发设备事故。

6. 功能数据确认方法

由运行模式画面转换为程序菜单画面，选择数据 "2. 数据确认"。然后，显示功能代码及其数据的功能选择画面，选择所需要的功能，确认其数据，如图 2-12 所示。

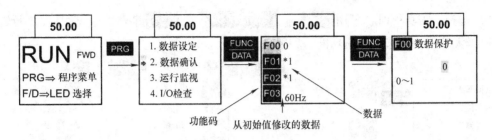

图 2-12　功能数据确认方法

选择功能后，再按 FUNC DATA 键，可转换为功能数据设定画面。

7. 运行状态监视

由运行模式画面转换为程序菜单画面，选择"3. 数据确认"。然后，显示变频器当时的运行状态，运行状态监视共有 4 幅画面，可用 ∧ ∨ 键进行更换，按画面数据确认运行状态，如图 2-13 所示。

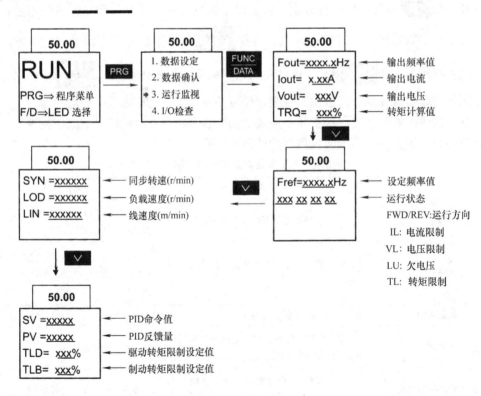

图 2-13　运行状态监视

8. I/O 检查

由运行状态画面转换为程序菜单画面，选择"4. I/O 检查"。然后，显示变频器和选件的模拟量输入/输出和接点输入/输出状态，I/O 检查监视共有 8 幅画面，可用 ∧ ∨ 键进行更换。按各画面确认 I/O 状态，如图 2-14 所示。

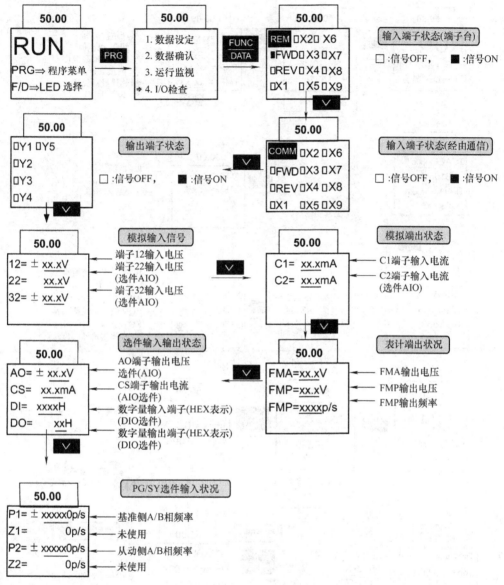

图 2-14　I/O 检查

9. 维护信息

由运行模式画面转换为程序菜单画面，选择"5. 维护信息"。然后，显示变频器维护和检修需要的信息，维护信息共有 5 幅画面，可用 ∧ ∨ 键进行更换，如图 2-15 所示。

10. 负载率设定

由运行状态画面转换为程序菜单画面，选择"6. 负载率"。然后，显示变频器的负载率测定画面，即显示测定和显示时间内的最大电流、平均电流和平均制动功率，如图 2-16 所示。

11. 报警信息

由运行模式画面转换为程序菜单画面，选择"7. 报警信息"。然后，显示变频器最近发生的各种数据，报警信息共有 9 幅画面，可用 ∧ ∨ 键进行更换。确认报警时的各种数据，如图 2-17 所示。

38

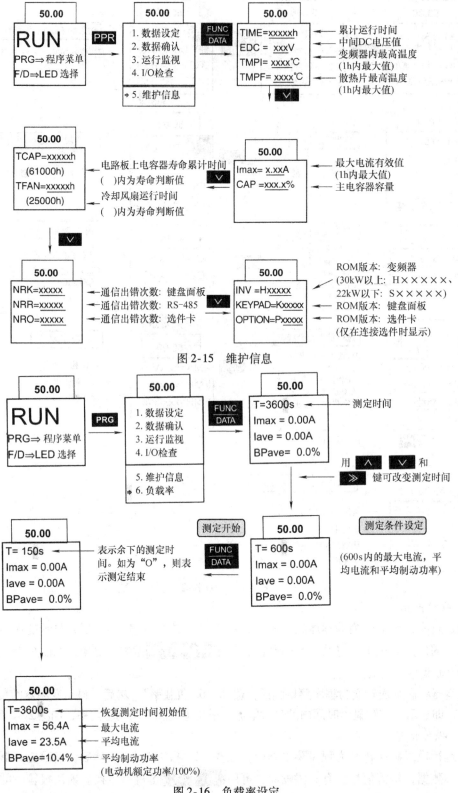

图 2-15　维护信息

图 2-16　负载率设定

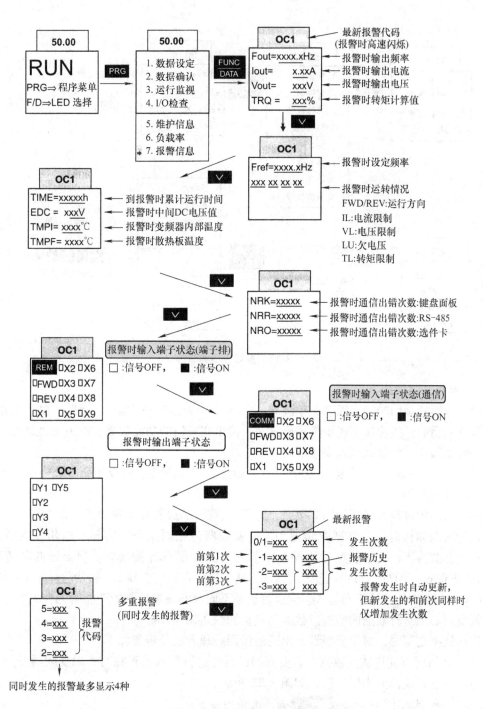

图 2-17 报警信息

12. 报警历史和原因

由运行模式画面转换为程序菜单画面,选择"8. 报警原因"。然后,显示变频器报警历史画面。再选择某次报警,按 FUNC/DATA 键,将显示所选择报警内容的故障信息,如图 2-18

所示。

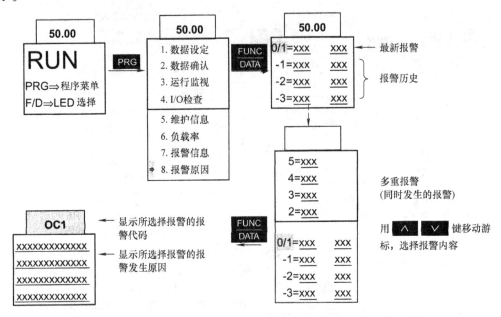

图 2-18　报警历史和原因

13. 数据复写功能

由运行模式画面转换为程序菜单画面，选择"9. 数据复写功能"。然后，显示变频器数据复写读入画面，接着按下述步骤进行复写，读出变频器的功能数据、取下键盘面板，安装于另一台变频器，将数据写入变频器。

另外，由"Verity"（验证）功能可以对储存在键盘内键盘内板和变频器内的数据进行比较并检查其差别。

读出数据的过程及步骤如图 2-19 所示。写入数据的过程及步骤如图 2-20 所示。

进行写入动作时，被复制变频器和复制变频器为相同型号（容量、电压、机型）时，所有功能都被写入；变频器型号不同时，下列功能数据不会被复制。但上述两种情况下，F00：数据保护，P02：A11：电动机功率，P04. A13：自整定。H03：初始化，H31：站台地址，O26：AIO 选件调整不会写入。变频器机型不同时不能被复制的功能码见表 2-7。

复制后必须进行数据的检查。数据的检查如图 2-21 所示。

进行数据复写时，对于变频器所出现的错误处理方法及步骤如下：

（1）运行时不允许改变数据　若变频器运行时进行写入或正在写入时变频器开始运行，则将显示以下画面作为出错处理，如图 2-22 所示。

若使变频器停止运行和按 RESET 键，则将再次进行写入。

（2）存储器出错　若在键盘面板数据存储器中没有保存数据（空数据），则在这种情况下进行写入动作，显示出错信息，此时应在数据读出之后再进行写入，如图 2-23 所示。

（3）数据检查（VERIFY）出错　在数据检查（VERIFY）过程中，键盘面板中保存的数据和变频器内保存的数据不符，数据检查将中断，并显示相应的功能代码作出错处理。

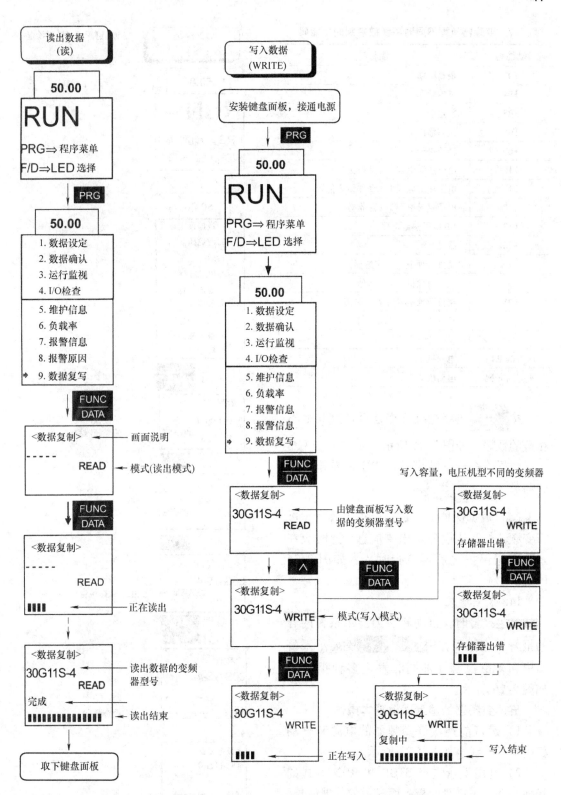

图 2-19　读出数据的过程及步骤　　　　　　图 2-20　写入数据的过程及步骤

42

表 2-7　变频器机型不同时不能被复制的功能码

功能码	名称
F03	最高频率 1
F04	基本频率 1
F05	额定电压 1
F06	最高输出电压 1
F09	转矩提升 1
F10	电子热继电器 1（运行选择）
F11	电子热继电器 1（动作设定值）
F12	电子热继电器 1（热常数）
F13	DB 电子热继电器
F26	载频
F33	超负荷预报（动作选择）
F34	超负荷预报 1（动作值）
F35	超负荷预报（计时器时间）
F37	超负荷预报 2（动作值）
H15	动作持续等值
所有的 P 码	电动机 1
所有的 A 码	电动机 2

按 FUNC/DATA 键将继续检查是否还有其他不相符的数据，如图 2-24 所示。

数据检查检查结束后，或中途希望转至其他操作，按 RESET 键。

（4）数据保护中　数据保护生效时，进行变频器的写入会显示出错信息，此时应在解除数据保护之后再进行写入，如图 2-25 所示。

14. 报警模式

发生报警时，自动转换为显示报警内容的报警模式画面，用 ∧ ∨ 键显示报警历史和多重报警（即同时发生多种报警），如图 2-26 所示。

五、变频器的键盘面板基本操作

1）运行前连接好变频器的电源和电动机的端子接线，如图 2-27 所示。

2）利用键盘进行 STOP 和 RUN 方式的切换，并记录键盘面板画面显示的数据信息，如图 2-28 所示。

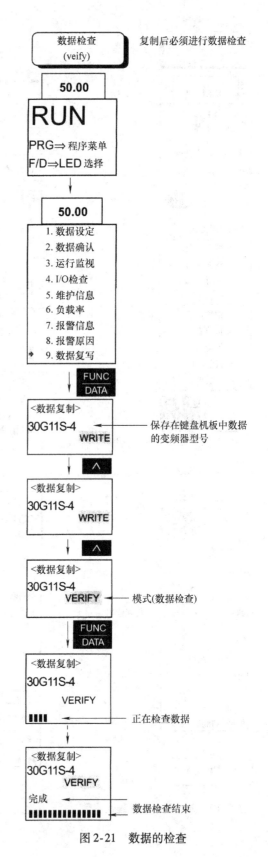

图 2-21　数据的检查

<数据复制>

30G11S-4

WRITE

正在运行

图 2-22 显示画面

<数据复制>

WRITE

存储器出错

图 2-23 存储器出错

<数据复制>

55G11S-4

VERIFY

出错：F25

图 2-24 数据检查（VERIFY）出错

<数据复制>

30G11S-4

WRITE

数据保护

图 2-25 出错信息

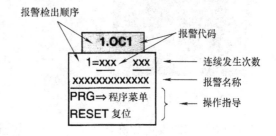

图 2-26 报警模式

图 2-27 端子接线

a)   b)

图 2-28 RUN 和 STOP 方式的切换

a) RUN 操作   b) STOP 操作

3）利用变频器的键盘面板进行菜单画面的转换操作。依次显示出所有菜单项目内容，如图 2-29 所示。

4）进行频率的数字设定。将初始频率设定为 50Hz，运行并记录数据信息；然后将频率设定为 60Hz，观察运行情况并记录数据信息，如图 2-30 所示。

5）测量电动机的转速。用离心式转速表测量电动机的转速，具体方法如图 2-31 所示。

图 2-29 菜单画面的转换操作

图 2-30 进行频率的数字设定

6）进行功能数据的设定和确认

① 首先进行功能数据的设定：如图 2-32 所示。

a. 选择基本功能设定，进入频率设定画面后再转入运行操作。

b. 选择端子功能控制画面，进行该方式下的所有项目转换操作。

c. 选择控制功能控制画面，进行该方式下的所有项目转换操作。

② 进行功能数据的确认。首先将画面转换到功能数据的确认，选择 F01、F02 项目，确认其数据，并记录其结果，如图 2-33 所示。

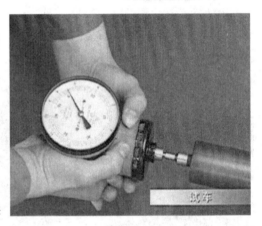

图 2-31 测量电动机的转速

图 2-32 进行功能数据的设定

图 2-33 进行功能数据的确认

7）进行运行状态的监视　将画面转换到监视运行，依次选择 4 幅画面，按各画面数据确认运行状态，并记录运行监视的数据。

注意：

1）键盘面板设置操作后，必须经过检查后，方可运行。

2）操作时要注意安全和文明操作。

第二节　变频器的点动控制

变频器在实际应用中经常用到各类机械的定位点动控制。例如：机械设备的试车或刀具的调整等，都需要电动机的点动控制，所以掌握变频器的点动控制运行方法，是学习变频器基本应用之一。

一、控制要求

一台三相异步电动机功率为 1.1kW，额定电流为 2.52A 额定电压为 380V。现需要用键盘面板和外部端子进行点动控制，通过参数设置来改变变频器的点动输出频率从而进行调速和定位控制。在运行操作中运行频率分别设定为：第一次：20Hz；第二次：30Hz；第三次：50Hz。

二、操作步骤

1. 电路连接

FRN2.2G11S－4 型富士变频器点动控制电路的连接包括主电路的连接和控制电路的连接。

（1）主电路的连接

1）输入端子 L1/R、L2/S、L3/T 接三相电源。

2）输出端子 U、V、W 接电动机。

输入/输出端子的接线情况如图 2-34 所示。

（2）控制电路的连接　外端子控制电路的连接如图 2-35 所示。

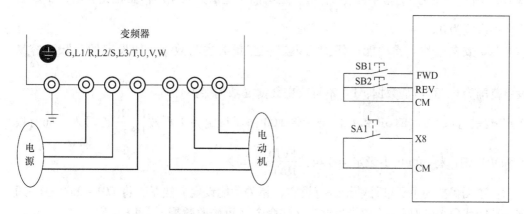

图 2-34　输入/输出端子的接线情况　　　　图 2-35　外端子控制电路的连接

2. 参数设定

FRN2.2G11S－4 型富士变频器点动控制电路按表 2-8 设定相关参数。

46

表 2-8 点动控制电路参数设定

功能代码	名　称	设定数据
H03	数据初始化	0, 1
F00	数据保护	0, 1
F01	频率设定 1	0
F02	运行操作	0, 1
F03	最高输出频率 1	50Hz
F04	基本频率 1	50Hz
F05	额定电压	380V
F06	最高输出电压	380V
F07	加速时间 1	4s
F08	减速时间 1	3s
E08	X8 端子功能	10
C20	点动频率值	20Hz, 30Hz, 50Hz
P01	电动机 1（极数）	2 极
P02	电动机 1（功率）	1.1kW
P03	电动机 1（额定电流）	2.52A

3. 参数含义详解及设定操作

（1）H03 数据初始化　此参数的功能是将所有用户修改的功能数据全部恢复为原出厂设定数据，用户可根据实际情况对本参数进行设置，如果变频器没有太大异常可不进行此参数初始化。

设定范围为 0：不作用；1：数据初始化。

在参数设定前或在变频器参数设置很乱时可进行初始化操作：同时按（STOP 和 ∧）键，将 H03 由 0 设定为 1，然后按 $\frac{FUNC}{DATA}$ 键，所有的设定值初始化。初始化完成后，H03 的设定值自动恢复为 0。

（2）F00 数据保护　此功能可保护已设定在变频器内的数据，使设定的参数不容易改变。

设定范围为 0：可改变数据；1：不可改变数据（数据保护）。

设定方法：同时按（STOP 和 ∧）键，将 F00 由 0 设定为 1 再按 $\frac{FUNC}{DATA}$ 键写入；同时按（STOP 和 ∨）键，将 F00 由 1 设定为 0 再按 $\frac{FUNC}{DATA}$ 键写入。

注意：数据保护还可通过外端子进行设定，相关功能设定方法是，将 E01 ~ E09 任一通道设定为功能代码 19 即可。此功能为编辑允许命令（可修改数据）[WE－KP]，是为了不容易改变设定数据，只能在有外部接点输入允许信号时才允许变更数据。当端子误设定数据 19 时，程序不能变更。所以只有端子输入 ON 信号后，才可变更其他数据。功能设定见表2-9。

表 2-9　功能代码 19 的设定

19	选择功能
OFF	不能改变数据
ON	可以改变数据

（3）F01 频率设定 1　此参数为选择频率的设定方法，本参数的功能和 C30 参数的功能配合进行频率 1 和频率 2 的选择（C30 频率 2 设定方式和 F01 频率 1 设定方式一样）。

设定值 0：键盘面板（∧、∨）键设定，通过键盘面板可进行运行频率的设定和更改。

设定值 1：电压输入（端子 12）（0～+10V）设定，通过外端子模拟电压的输入来更改运行频率。

设定值 2：电流输入（端子 C1）（4～20mA）设定，通过外端子模拟电流的输入来更改运行频率。

设定值 3：电压输入 + 电流输入（端子 12 + 端子 C1）（-10～+10V + 4～20mA）设定，端子 12 和端子 C1 两者的加算值确定频率设定值。

设定值 4：有极性的电压输入（端子 12）（-10～+10V）设定。

设定值 5：有极性的电压输入（端子 12）+ 频率命令辅助输入（OPC - G11S - AIO）端子 22、23、C2（-10～+10V）设定，端子 12 和端子 22、23、C2 两者相加确定频率设定值。有极性的电压输入时，可能出现与运转指令相反方向运转的情况。

设定值 6：电压输入反动作（端子 12）（+10～0V）设定。

设定值 7：电流输入反动作（端子 C1）（20～4mA）设定。

设定值 8：增/减（UP/DOWN）控制模式（初始值 = 0）由端子 UP 和 DOWN 设定。

设定值 9：增/减（UP/DOWN）控制模式 2（初始值 = 上次设定值）由端子 UP 和 DOWN 设定。

设定值 10：程序运行设定。

设定值 11：数字输入或脉冲列输入设定。

（4）F02 运行操作　此参数为设定运行操作命令的输入方式（键盘面板和外部信号端子）。

设定值 0：为键盘面板操作运行方式（操作键 FWD REV STOP 键），即

1）FWD 键 ON 正转运行。

2）REV 键 ON 反转运行。

3）STOP 键 ON 减速停止。

此时外部端子 FWD REV 输入时，无作用（LOCAL）。

设定值 1：由外部端子 FWD REV 输入运行命令（REMOTE）。

此功能仅在端子 FWD REV 都断开状态下才能改变其设定数据。

由键盘面板切换远方/当地（REMOTE/LOCAL）控制方式时，此功能的数据相应自动改变。

同时按下 STOP + RESET 键进行 REMOTE/LOCAL 的切换。

（5）F03 最高输出频率 1　此参数为电动机 1 所用的设定值，设定变频器输出的最高频率，设定范围为 G11S：50～400Hz

P11S：50～120Hz

如果设定值大于驱动装置的额定值，电动机或机器可能损坏。设定值应和驱动装置匹配。

（6）F04 基本频率1　电动机1所用的设定值，和电动机的额定频率（电动机额定铭牌记载值）配合设定。设定范围为G11S：25～400Hz

P11S：25～120Hz

注意：若设定基本频率1大于最高输出频率1，则输出频率受最高频率的限制，输出电压将不能上升至额定电压，如图2-36所示。

（7）F05 额定电压1　电动机1所用的设定值，设定电动机1的额定输出电压。但不能输出比输入电源更高的电压。设定范围为0，320～480V。

设定值为0时，没有自动电压调整功能（AVR），输出电压将正比于输入电压。

注意：若设定额定电压1大于最高输出电压，则受最高输出电压1的限制，输出电压不能上升至额定电压值。

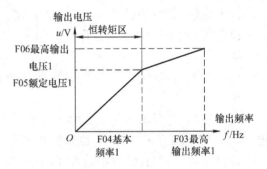

图2-36　参数含义

（8）F06 最高输出电压1　电动机1所用的设定值，此功能参数为电动机变频器的输出电压最高值、但不能输出高于电源（输入）电压的电压。设定范围为320～480V。

注意：将"F05 额定电压1"设定为0时，此功能无效。

（9）F07 加速时间1和F08 减速时间1　这两个功能参数为输出频率从0Hz到达最高频率所需的加速时间，和从最高频率到0Hz所需的减速时间。设定范围为加速时间1：0.01～3600s；减速时间1：0.01～3600s。

加/减速时间设定的有效位数为前3位。因此按前3位数设定。

加/减速时间是以最高频率作为基准，设定分辨率和加/减速时间的关系见表2-10。

表2-10　设定分辨率和加/减速时间的关系

加/减速时间/s	设定分辨率/s
0.01～9.99	0.01
10.0～99.9	0.1
100～999	1
1000～3600	10

当设定频率等于最高频率时，设定时间值和实际动作时间一致，如图2-37所示。

当设定频率小于最高频率时，设定时间值和实际动作时间不相同。则加/减速实际动作时间 = 设定值×（设定频率/最高频率），如图2-38所示。

注意：当负载的阻力矩和惯量矩很大，而设定的加/减速时间小于必须值时，转矩限制功能和失速防止功能将动作。这类功能动作时，实际加/减速时间将比以上说明的动作时间长。

E01～E09（X1～X9）端子的功能可任意设定，各项功能相应以代码表示，对应关系说明如下：

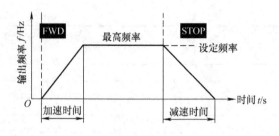

图 2-37 参数含义

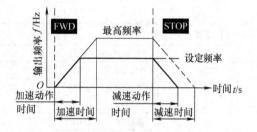

图 2-38 参数含义

1）E01：X1 端子功能。

2）E02：X2 端子功能。

3）E03：X3 端子功能。

4）E04：X4 端子功能。

5）E05：X5 端子功能。

6）E06：X6 端子功能。

7）E07：X7 端子功能。

8）E08：X8 端子功能。

9）E09：X9 端子功能。

各参数功能设定值含义见表2-11。

表 2-11　各参数功能设定值含义

设定值	功　　能
0，1，2，3	多步频率选择（1～15 步）［SS1］［SS2］［SS4］［SS8］
4，5	加减速时间选择（3 种）［RT1］［RT2］
6	自保持选择［HLD］
7	自由旋转命令［BX］
8	报警复位［RST］
9	外部报警［THR］
10	点动运行［JOG］
11	频率设定 2/频率设定 1［Hz2/Hz1］
12	电动机 2/电动机 1［M2/M1］
13	直流制动命令［DCBRK］
14	转矩限制 2/转矩限制 1［TL2/TL1］
15	商用电切换（50Hz）［SW50］
16	商用电切换（60Hz）［SW60］
17	增命令［UP］
18	减命令［DOWN］
19	编辑允许命令（可修改数据）［WE-KP］
20	PID 控制取消［Hz/PID］
21	正动作/反动作切换（12 端子，C1 端子）［IVS］
22	联锁（52-2）［IL］
23	转矩控制取消［Hz/TRQ］
24	链接运行选择（RS485 标准，BUS 选件）［LE］
25	万能 DI［U-DI］
26	起动特性选择［STM］

(续)

设定值	功　　能
27	PG – SY 控制选择（选件）［PG/Hz］
28	XXXXXXXXXXXXXX
29	零速命令［ZERO］
30	强制停止［STOP1］
31	强制停止［STOP2］
32	预励磁命令（选件）［EXITE］
33	取消转速固定控制（选件）［Hz/LSC］
34	转速固定频率（选件）［LSC – HLD］
35	设定频率 1/设定频率 2［Hz1/Hz2］

注意：E01～E09 中未设定数据代码者，表示其功能不起作用。此外设端子功能参数的设定，可根据项目的应用要求，由 E01～E09 中任意选择其 0～35 功能代码进行设定。由于本项目为点动运行，则应将其设定功能参数代码选为 10。

（10）点动运行 JOG 含义　为了工件等的定位要点动运行，当有运行命令（FWD – CM 或 REV – CM）为 ON 时，将按功能代码 C20 设定的频率点动运行。指定 1 个接点输入端子，设定其功能数据为 10，此端子即可用作 JOG 功能端子。键盘面板运行时，可通过键盘面板切换到点动运行。如图 2-39 所示为点动运行曲线分析。

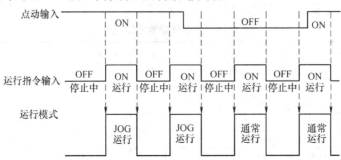

图 2-39　点动运行曲线分析

（11）C20 点动频率　此功能参数不同于正常的运行频率值，是设定电动机的点动运行频率值。设定范围为 G11S：0.00～400.00Hz；P11S：0.00～120.00Hz。

由键盘面板或控制端子输入组合选择点动运行信号后，变频器按点动频率起动。

（12）P01 电动机 1（极数）　此功能参数设定驱动电动机 1 的极数。为使 LED 能正确显示电动机速度（同步速度），应正确设定电动机的极数。设定范围为 2、4、6、8、10、12、14。

（13）P02 电动机 1（功率）　本功能参数在出厂时按标准适配电动机功率设定。当驱动非标准适配电动机功率时，应相应改变设定值。设定范围为标准适配电动机≤22kW 的机型：0.01～45kW；标准适配电动机≥30kW 的机型：0.01～500kW。

此参数应按附录"标准技术规范"中的标准适配电动机功率等级设定。设定范围可比标准适配电动机功率大 1 级或 2 级。超过此范围时，不能保证正确控制。如果设定为两个标准适配功率值之间，则自动按低功率写入有关功能数据。

（14）P03 电动机 1（额定电流）　此功能参数为电动机额定电流值的设定。设定范围为 0.00~2000A。

4. 键盘面板点动控制功能模式

1）按下键盘面板 PRG 键进入参数设置菜单画面，观察 LCD 监视器并按表 2-8 所给参数进行设置。

2）参数设置完毕按 RESET 键返回初始画面。

3）同时按下 STOP + ∧ 将通常运行模式切换到点动运行模式，此时观察 LCD 监视器中光标显示应指在 JOG 上方。

4）此点动模式面板操作相关功能参数设定完毕即可进行点动运行。

5）按下 FWD 电动机将按照第一次设定频率 C20 所设定值工作在正转 20Hz 点动运行状态。松开 FWD 电动机将立即停止运行。

6）按下 REV 电动机将按照第一次设定频率 C20 所设定值工作在反转 20Hz 点动运行状态。松开 REV 电动机将立即停止运行。

7）观察 LED 监视器所显示值应为点动 20Hz，此参数也可通过调整在 LCD 中进行参数监视观察数据。

8）30Hz、50Hz 点动频率运行的操作步骤和方法只需将参数设定 C20 改为 30Hz、50Hz 即可，其他同上。

5. 外部端子信号控制功能点动运行模式

1）首先将变频器停电，并打开变频器上盖板，按图 2-35 接好 FWD、REV、X8 与外部按钮连线。

2）合上盖板并接通电源。

3）按表 2-9 进行参数设定（在进行 E01~E09 即 X1~X9 参数设定时可选任一通道设定，本次操作选 E08 将其参数设定为 10。用户也可选一其他通道进行操作试验）。

4）同时按下 STOP + RESET 将键盘面板控制功能切换至外部端子信号运行模式，同时对应功能码 F02 数据也相应在 1、0 之间切换，并在 LCD 监视器中光标显示指在 REM 上方。

5）由于 X8 所对应代码 E08 设定值为 10，所以必须按下 X8 外部连接开关 SA1 为 ON 时再按下 FWD 外部连接按钮 SB1 使 FWD 按钮 ON 时，变频器运行在正转 20Hz 点动状态。松开 FWD 电动机将立即停止运行。

6）当按下 SA1 开关使 X8 为 ON，再按下 SB2 按钮使 REV 为 ON 时，变频器运行在反转 20Hz 点动状态。松开 REV 电动机将立即停止运行。

7）此点动运行频率将在 LED 中显示，也可通过调整在 LCD 中进行数据监视。

8）30Hz、50Hz 点动频率运行的操作步骤和方法只需将参数设定 C20 改为 30Hz、50Hz 即可，其他同上。

6. 注意事项

1）接线完毕后一定要重复认真检查，以防因接线错误导致烧坏变频器，特别是主电源电路。

2）在接线时变频器内部端子用力不得过猛，以防损坏。

3）在送电和停电过程中要注意安全，特别是在停电过程中必须待面板 LED 显示全部熄灭情况下方可打开盖板。

4）在变频器进行参数设定操作时应认真观察 LED、LCD 监视窗的内容及光标所在位置，以免发生错误争取一次试验成功。

5）在进行外端子点动运行操作时应注意以下内容：

① 点动运行指令（JOG）和运行指令（FWD 或 REV）同时输入时，不会切换到点动运行，一般会以所设定的频率运行。

② 使用点动运行时，必须在变频器停止时，输入点动运行指令后再输入运行指令。

③ 若点动运行指令和运行指令同时输入，则应把点动运行指令分配到多步速度选择（SS1 ~ SS8）使用。

④ 点动运行时就算输入点动运行指令，也会继续保持点动运行，变频器不会停止，通过将运行指令设为 OFF 时变频器减速停止。

第三节 正转连续运行控制电路

在生产过程中，一些生产机械的运动通常需要连续运行，所以工业中用变频器控制电动机的正转连续运行是生产中的基本控制方式之一。

一、控制要求

一台三相异步电动机功率为 1.1kW，额定电流为 2.52A，额定电压为 380V。现需要用键盘面板和外部端子进行正转连续控制，通过参数设置来改变变频器的正转连续运行输出频率从而进行调速控制。

二、操作步骤

1. 富士变频器正转连续运行控制电路的连接

（1）主电路的连接

1）输入端子 L1/R、L2/S、L3/T 接三相电源。

2）输出端子 U、V、W 接电动机。

输入/输出端子的接线情况如图 2-34 所示。接线效果如图 2-40 所示。

图 2-40 电源与变频器及电动机连接

（2）控制电路的连接 外端子控制电路的开关式连接如图 2-41 所示，按钮式连接如图 2-42 所示。

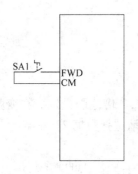
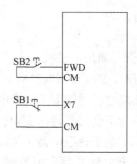

图 2-41　开关式外部运行接线　　　　　　图 2-42　按钮式外部运行接线

2. 参数设定

富士变频器正转连续运行控制电路按表 2-12 设定相关参数。

表 2-12　富士变频器正转连续运行控制电路参数设定

功能代码	名　　称	设定数据
F01	频率设定 1	0
F02	运行操作	0，1
F03	最高输出频率 1	50Hz
F04	基本频率 1	50Hz
F05	额定电压	380V
F06	最高输出电压	380V
F07	加速时间 1	6s
F08	减速时间 1	5s
F10	电子热继电器 1	1
F11	电子热继电器 OL 设定值 1	2.71A
F12	电子热继电器热常数 t1	0.5
F20	DC 制动频率	10Hz
F21	DC 制动值	50%
F22	制动时间	3s
E01 ~ E09	X 端子功能	6
P01	电动机 1（极数）	2 极
P02	电动机 1（功率）	1.1kW
P03	电动机 1（额定电流）	2.52A

3. 参数含义详解

（1）F10 电子热继电器 1（动作选择）　此参数为电动机 1 所用的设定，电子热继电器的功能是按照变频器的输出频率、电流和运行时间来保护电动机的，防止电动机过热。以设定电流值的 150% 流过按 F12（热时间数）设定的时间时，保护动作。应根据电动机选择电子热继电器的动作模式。对于通用电动机，由于在低转速范围内电动机的冷却特性变差，应选择降低动作值的特性。

设定范围为

0：不动作。

1：动作（通用电动机）。

2：动作（变频专用电动机）。

电子热继电器动作电流值按电动机额定电流值的 $1 \sim 1.1$ 倍范围设定。在变频器专用电动机时，因为不会因旋转速度而引起冷却效果减小，所以请选择数据 2。

（2）F11 电子热继电器 1（动作值）此参数为设定变频器额定电流的动作范围值，其设定值为 20% ~ 135%（对应额定电流的动作范围是 $1.10 \sim 7.43\mathrm{A}$）。其动作电流值和输出频率的关系如图 2-43 所示。

（3）F12 电子热继电器 1（热时间常数）此参数为电子热继电器额定电流值的动作时间常数。

设定范围为 $0.5 \sim 75.0$ 分（0.1 分步）。

（4）F20 直流制动（开始频率）此参数为设定电动机减速停止时其直流制动开始动作的频率。

设定范围为 $0 \sim 60\mathrm{Hz}$。

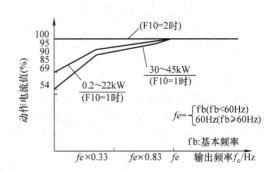

图 2-43 动作电流值和输出频率的关系

（5）F21 直流制动（制动值）此参数为设定直流制动时的输出电流。变频器的额定输出电流作为 100%，设定增量 1%。

设定范围为 0% ~ 100%（P11S：0% ~ 80%）。

（6）F22 直流制动（时间）此参数为设定直流制动的动作时间。

设定范围为 $0.0 \sim 30.0\mathrm{s}$。

（7）E07 X7 端子功能设定为 6（自保持选择 HLD 功能）此参数为自保持功能，可在 E01 ~ E09 任一端子进行设定，本项目选 E07 X7 端子，当外设端子 X7 接通时，即自保持功能接通，此时 FWD 和 REV 信号自保持即自锁，OFF 时解除自保持。其自保持功能含义如图 2-44 所示。

4．运行频率

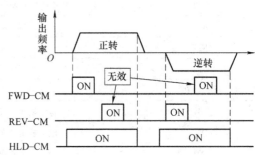

图 2-44 自保持功能含义

运行频率分别设定为：第一次：20Hz；第二次：35Hz；第三次：50Hz（运行频率的设定可通过改变 LED 显示下的运行频率达到目的）。

5．键盘面板控制功能正转连续运行模式

1）按下键盘面板 PRG 键进入参数设置菜单画面，观察 LCD 监视器并按表 2-12 所给参数进行设置（表中 F02 运行操作在本次键盘面板控制时应设定为 0。E01 ~ E09 X 端子功能可在外部端子操作时设定，本次面板操作可不设定）。

2）参数设置完毕按 RESET 键返回初始画面（观察 LED 显示光标应指在 LOC 位置上）。

3）此正转键盘面板操作相关功能参数设定完毕即可进行正转连续运行。

4）按下 FWD，电动机将按照第一次设定频率所设定值工作在正转 20Hz 连续运行状态。

5）观察 LED 监视器所显示值应为正转连续 20Hz，此参数也可通过调整在 LCD 中进行参数监视观察数据。

6）35Hz、50Hz 正转频率运行的操作步骤和方法只需将 LED 显示下的运行频率值设定为 35Hz、50Hz 即可，其他同上。

提示：在初始画面显示下按 SHIFT 键和增减（∧、∨）键，可改变运行频率的设定值。

6. 外部端子信号控制功能正转连续运行模式

1）按表 2-12 进行参数设定（在进行 E01～E09 即 X1～X9 参数设定时可选任一通道设定，本次操作选 E07 将其参数设定为 6。用户也可选一其他通道进行操作试验）。

2）同时按下 STOP + RESET 将键盘面板控制功能切换至外部端子信号运行模式，同时对应功能码 F02 数据也相应在 0、1 之间切换，并在 LCD 监视器中光标显示由 LOC 转换指在 REM 上方。

3）由于 X7 所对应代码 E07 设定值为 6，所以必须按下 X7 外部连接按钮为 ON 时再按下 FWD 外部连接按钮使 FWD 按钮 ON 时，变频器运行在正转 20Hz 连续运行状态。

4）此正转连续运行频率将在 LED 中显示，也可通过调整在 LCD 中进行数据监视。

5）35Hz、50Hz 正转频率运行的操作步骤和方法只需将 LED 显示下的运行频率值设定为 35Hz、50Hz 即可，其他同上。

7. 注意事项

1）接线完毕后一定要重复认真检查以防错误烧坏变频器，特别是主电源电路。

2）在接线时变频器内部端子用力不得过猛，以防损坏。

3）在送电和停电过程中要注意安全，特别是在停电过程中必须待面板 LED 显示全部熄灭情况下方可打开盖板。

4）在变频器进行参数设定操作时应认真观察 LED、LCD 监视窗的内容及光标所在位置，以免发生错误，争取一次试验成功。

5）在进行制动功能应用时，变频器的制动功能无机械保持作用，要注意安全，以防伤害事故发生。

第四节 变频器的正反转控制

变频器在实际使用中经常用到控制各类机械正、反转。例如：前进后退、上升下降、进刀回刀等，都需要电动机的正、反转运行，所以无论面板操作还是外部端子信号操作变频器的正、反转运行都是学习变频器使用的基本所在。

一、控制要求

有一台三相异步电动机功率为 1.1kW，额定电流为 2.52A，额定电压为 380V。现需要用键盘面板和外部端子进行正、反转控制，通过参数设置来改变变频器的正、反转运行输出频率从而进行调速控制。在运行操作中运行频率分别设定为：第一次：25Hz；第二次：35Hz；第三次：45Hz。

二、操作步骤

1. 富士变频器正反转控制电路的连接

(1) 主电路的连接

1）输入端子 L1/R、L2/S、L3/T 接三相电源。

2）输出端子 U、V、W 接电动机。

输入、输出端子的接线情况如图 2-34 所示。

(2) 控制电路的连接 外端子控制电路的开关式连接如图 2-45 所示，按钮式连接如图 2-46 所示。

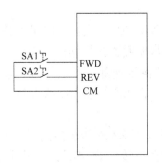

图 2-45　开关式外部运行接线

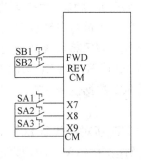

图 2-46　按钮式外部运行接线

2. 参数设定

富士变频器正反转控制电路可按表 2-13 设定相关参数。

表 2-13　变频器正反转控制电路参数设定

功能代码	名　　称	设定数据
F01	频率设定 1	0
F02	运行操作	0，1
F03	最高输出频率 1	50Hz
F04	基本频率 1	50Hz
F05	额定电压	380V
F06	最高输出电压	380V
F07	加速时间 1	6s
F08	减速时间 1	5s
F10	电子热继电器 1	1
F11	电子热继电器 OL 设定值 1	110%
F12	电子热继电器热常数 t1	0.5min
F20	DC 制动频率	10Hz
F21	DC 制动值	50%
F22	制动时间	3s
E07	X7 端子功能	6
E08	X8 端子功能	7
E09	X9 端子功能	8
P01	电动机 1（极数）	2 极
P02	电动机 1（功率）	1.1kW
P03	电动机 1（额定电流）	2.52A

3. 参数含义详解及设定操作

（1）F10 电子热继电器 1（动作选择） 此参数为电动机 1 所用的设定，电子热继电器的功能是按照变频器的输出频率、电流和运行时间来保护电动机的，防止电动机过热。以设定电流值的 150% 流过按 F12（热时间数）设定的时间时，保护动作。应根据电动机选择电子热继电器的动作模式。对于通用电动机，由于在低转速范围内电动机的冷却特性变差，应选择降低动作值的特性。

设定范围如下：

0：不动作。

1：动作（通用电动机）。

2：动作（变频专用电动机）。

电子热继电器动作电流值按电动机额定电流值的 1 ~ 1.1 倍范围设定。在变频专用电动机时，因为不会因旋转速度而引起冷却效果减小，所以请选择数据 2。

（2）F11 电子热继电器 1（动作值） 此参数为设定变频器额定电流的动作范围值，其设定值为 20% ~ 135%（对应额定电流的动作范围是 1.10 ~ 7.43A）。其动作电流值和输出频率的关系如图 2-47 所示。

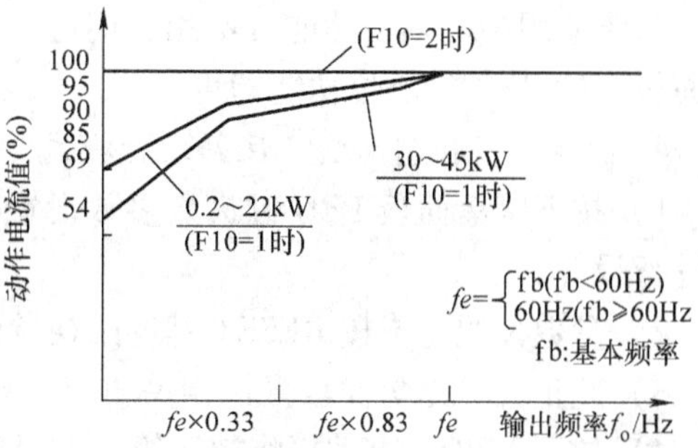

（3）F12 电子热继电器 1（热时间常数） 此参数为电子热继电器额定电流值的动作时间常数。

设定范围为 0.5 ~ 75.0 分（0.1 分步）。

（4）F20 直流制动（开始频率） 此参数为设定电动机减速停止时其直流制动开始动作的频率。

设定范围为 0 ~ 60Hz。

（5）F21 直流制动（制动值） 此参数为设定直流制动时的输出电流。变频器的额定输出电流作为 100%，设定增量 1%。

设定范围为 0% ~ 100%（P11S：0% ~ 80%）。

（6）F22 直流制动（时间） 此参数为设定直流制动的动作时间。

设定范围为 0.0 ~ 30.0s。

（7）E07 X7 端子功能设定为 6（自保持选择 HLD 功能） 此参数为自保持功能，可在 E01 ~ E09 任一端子进行设定，本项目选 E07 X7 端子，当外设端子 X7 接通时，即自保持功能接通，此时 FWD 和 REV 信号自保持即自锁，0FF 时解除自保持。其自保持功能含义如图 2-48 所示。

（8）E08 X8 端子功能设定为 7（自由旋转命令选择 BX） 此参数为自由旋转命令选择功能，可在 E01 ~ E09 任一端子进行设定，

图 2-47 动作电流值和输出频率的关系

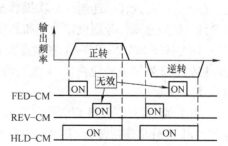

图 2-48 自保持功能含义

58

本项目选 E08 X8 端子，当外设端子 X8 接通时，即自由旋转命令功能接通，此时变频器立即停止输出，电动机将失电自由旋转，此时和普通电机失电运行状态相同，而且不输出报警信号，所以要想用此功能作为电动机停止信号时，必须注意此功能信号无自保持，即当 X8 断开后电动机恢复原态，若原来电动机为运行状态则此时立刻恢复为原运行状态，为避免事故发生，此功能可作为一种保护信号用的紧急联锁停止功能，而不作为正常停止功能运用。本参数的设定为以后复杂系统的应用打基础，在具体到单一停止功能此次项目中可不应用（即 X8 本次可不连接）。其自由旋转功能含义如图 2-49 所示。

（9）E09 X9 端子功能设定为 8（报警复位 RST）　此参数为外接端子变频器报警复位，当变频器跳闸时，变频器输出报警信号并停止输出。待 X9 – CM（即 RST – CM）接通后，解除总报警输出并解除报警显示，又可起动运行。在不复杂单一系统应用中此端子功能可不用，用键盘面板上的 RESET 复位功能即可。

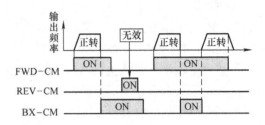

图 2-49　自由旋转功能含义

4. 键盘面板控制功能正反转运行模式

1）按下键盘面板 PRG 键进入参数设置菜单画面，观察 LCD 监视器并按表 2-46 所给参数进行设置。

2）参数设置完毕按 RESET 键返回初始画面。

3）此正反转键盘面板操作相关功能参数设定完毕即可进行正反转运行操作。

4）按下 FWD，电动机将按照第一次设定频率所设定值工作在正转 25Hz 连续运行状态。

5）按下 REV，电动机将按照第一次设定频率所设定值工作在反转 25Hz 连续运行状态。

6）观察 LED 监视器所显示值应为正、反转连续 20Hz，此参数也可通过调整在 LCD 中进行参数监视观察数据。

7）35Hz、45Hz 正、反转频率运行的操作步骤和方法只需将 LED 显示下的运行频率值设定为 35Hz、45Hz 即可，其他同上。

提示：在初始画面显示下按增减（∧、∨）键和 SHIFT 键，可改变运行频率的设定值。

5. 外部端子信号控制功能正、反转连续运行模式

1）按表 2-13 进行参数设定（在按图 2-46 接线时要进行 E01～E09 即 X1～X9 功能参数设定。在设定时可选任一通道，本次操作选 E07 通道将其参数设定为 6。E08、E09 通道功能本项目为扩展选项，分别设定为 7 和 8 功能代码，用户可分别进行操作试验）。

2）同时按下 STOP + RESET 将键盘面板控制功能切换至外部端子信号运行模式，同时对应功能码 F02 数据也相应在 0、1 之间切换，并在 LCD 监视器中光标显示由 LOC 转换指在 REM 上方。

3）由于 X7 所对应代码 E07 设定值为 6，所以必须按下 SA1 即 X7 外部连接开关为 ON 时再按下 FWD 外部连接按钮 SB1 使 FWD 为 ON 时，变频器运行在正转 20Hz 连续运行状态。

4）当按下开关 SA1 使 X7 为 ON 后再按下按钮 SB2 使 REV 为 ON 时，变频器运行在反转 20Hz 连续运行状态。

5）此正、反转连续运行频率将在 LED 中显示，也可通过调整在 LCD 中进行数据监视。

6）35Hz、45Hz 正、反转频率运行的操作步骤和方法只需将 LED 显示下的运行频率值设定为 35Hz、45Hz 即可，其他同上。

注意：本项目 E08 可作为紧急联锁停止按钮，当 SA2 接通后，变频器立即停止；当变频器有故障跳闸时 E09（即 SA3）接通可解除报警输出和故障显示。

6. 注意事项

1）接线完毕后一定要重复认真检查以防错误烧坏变频器，特别是主电源电路。

2）在接线时变频器内部端子用力不得过猛，以防损坏。

3）在送电和停电过程中要注意安全，特别是在停电过程中必须待面板 LED 显示全部熄灭情况下方可打开盖板。

4）在变频器进行参数设定操作时应认真观察 LED、LCD 监视窗的内容及光标所在位置，以免发生错误，争取一次试验成功。

5）在进行制动功能应用时，变频器的制动功能无机械保持作用，要注意安全，以防伤害事故发生。

6）在变频器由正转切换为反转状态时加减速时间可根据电动机功率和工作环境条件不同而定。

第五节　变频器的外接两地控制

在工业生产中，生产现场与操作室之间经常要用到的就是两地控制模式，所以掌握变频器两地控制电路是十分重要的。

一、控制要求

有一台三相异步电动机功率为 1.1kW，额定电流为 2.52A，额定电压为 380V。现需要用变频器进行两地控制，通过变频器参数设置和外端子接线来控制变频器的运行输出频率进而达到电动机两地运行控制的目的。在运行操作中运行频率分别设定为：第一次：20Hz；第二次：30Hz；第三次：40Hz（运行频率的设定可通过改变 LED 显示下的运行频率达到目的）。若用户想在两地间直接切换运行频率，则在学过多段速控制之后将这两部分内容有机地结合便可轻松实现。

二、操作步骤

1. 富士变频器两地运行控制电路的连接

（1）主电路的连接

1）输入端子 L1/R、L2/S、L3/T 接三相电源。

2）输出端子 U、V、W 接电动机。

输入/输出端子的接线情况如图 2-34 所示。

（2）控制电路的连接　接两地控制电路的连接如图 2-50 所示（读者也可用外部接触器联锁电路来实现两地控制运行）。

2. 参数设定

富士变频器两地运行控制电路可按表 2-14 设定相关参数。

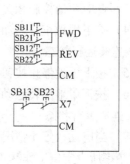

图 2-50　外接两地控制

注：SB11、B12、B13 为甲地按钮，SB21、B22、B23 为乙地按钮。

表 2-14　富士变频器两地运行控制电路参数设定

功能代码	名　称	设定数据
F01	频率设定 1	0
F02	运行操作	1
F03	最高输出频率 1	50Hz
F04	基本频率 1	50Hz
F05	额定电压	380V
F06	最高输出电压	380V
F07	加速时间 1	6s
F08	减速时间 1	5s
F10	电子热继电器 1	1
F11	电子热继电器 OL 设定值 1	110%
F12	电子热继电器热常数 t1	0.5min
E07	X 端子功能	6
P01	电动机 1（极数）	2 极
P02	电动机 1（功率）	1.1kW
P03	电动机 1（额定电流）	2.52A

3. 设定操作

1）将所涉及参数先按要求正确置入变频器：按下键盘面板 PRG 键进入参数设置菜单画面，观察 LCD 监视器并按表 2-14 所给参数进行设置。

2）参数设置完毕按 RESET 键返回初始画面（观察 LCD 显示，由于是外部端子操作光标应指在外端子 REM 位置上，如不在则应同时按下 STOP + RESET 键，将键盘面板控制功能切换至外部端子信号运行模式即可）。

3）此时两地控制相关功能参数设定完毕即可进行两地正、反转控制运行。

4）按下甲地正转起动按钮 SB11，电动机将按照第一次设定频率所设定值工作在正转 20Hz 连续运行状态。

5）按下甲地停止按钮 SB13，电动机将停止正转。

6）按下甲地反转起动按钮 SB12，电动机将按照第一次设定频率所设定值工作在反转 20Hz 连续运行状态。

7）当电动机停止情况下，再次按下乙地正转起动按钮 SB21 时，电动机将按照第一次设定频率所设定值工作在正转 20Hz 连续运行状态。

8）按下乙地停止按钮 SB23，电动机将停止正转。

9）按下乙地反转起动按钮 SB12，电动机将按照第一次设定频率所设定值工作在反转 20Hz 连续运行状态。

10）观察变频器的运行情况，LED 和 LCD 监视器所显示结果是否正确。

11）两地控制 30Hz、40Hz 正、反转运行的操作步骤和方法只需将 LED 显示下的运行频率值设定为 30Hz、40Hz 即可，其他同上。

12）对于三地或多地控制，只要把各地的起动按钮并接、停止按钮串接在变频器的外接端子信号控制端就可实现。

提示：在初始画面显示下按增、减（∧、∨）键和 SHIFT 键，可改变运行频率的设定值。

4. 注意事项

1）接线完毕后一定要重复认真检查以防错误烧坏变频器，特别是主电源电路。

2）在接线时变频器内部端子用力不得过猛，以防损坏。

3）在送电和停电过程中要注意安全，特别是在停电过程中必须待面板 LED 显示全部熄灭情况下方可打开盖板。

4）在变频器进行参数设定操作时应认真观察 LED、LCD 监视窗的内容及光标所在位置，以免发生错误争取一次试验成功。

5）在变频器由正转切换为反转状态时，加减速时间可根据电动机功率和工作环境条件不同而定。

6）在两地控制电动机正、反转切换时，必须先停止转动，然后才能进行切换，否则控制过程无法实现。

第六节　变频器的多段速控制

富士 FRN2.2G11S-4CX 变频器的多段速运行共有 15 种运行速度，通过外部接线端子的控制可以运行在不同的速度上，特别是与可编程序控制器联合起来控制更方便，在需要经常改变速度的生产工艺和机械设备中得到广泛应用。

一、控制要求

有一台三相异步电动机功率为 1.1kW，额定电流为 2.52A，额定电压为 380V。现需要用变频器进行多段速控制，通过变频器参数设置和外端子接线来控制变频器的运行输出频率进而达到电动机 15 多段速运行控制的目的。其运行曲线如图 2-51 所示。在运行操作中运行频率按表 2-52 所给参数设定运行。

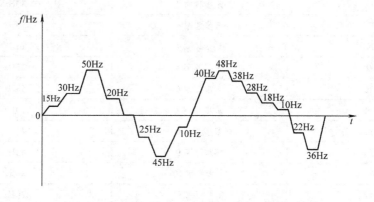

图 2-51　多段速运行曲线

二、操作步骤

1. 富士变频器多段速控制电路的连接

（1）主电路的连接

1）输入端子 L1/R、L2/S、L3/T 接三相电源。

2）输出端子 U、V、W 接电动机。

输入、输出端子的接线情况如图 2-34 所示。

（2）控制电路的连接　多段速控制电路的连接如图 2-52 所示。

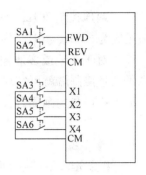

图 2-52　多段速控制接线

2. 参数设定

富士变频器多段速控制电路可按表 2-15 设定相关参数。

表 2-15　富士变频器多段速控制电路参数设定

功能代码	名　　称	设定数据
F01	频率设定 1	0
F02	运行操作	0，1
F03	最高输出频率 1	50Hz
F04	基本频率 1	50Hz
F05	额定电压	380V
F06	最高输出电压	380V
F07	加速时间 1	6s
F08	减速时间 1	5s
F10	电子热继电器 1	1
F11	电子热继电器 OL 设定值 1	110%
F12	电子热继电器热常数 t1	0.5min
E01	X1 端子功能	0
E02	X2 端子功能	1
E03	X3 端子功能	2
E04	X4 端子功能	3
C05	多步频率 1	15Hz
C06	多步频率 2	30Hz
C07	多步频率 3	50Hz
C08	多步频率 4	20Hz
C09	多步频率 5	25Hz
C010	多步频率 6	45Hz
C011	多步频率 7	10Hz
C012	多步频率 8	40Hz
C013	多步频率 9	48Hz
C014	多步频率 10	38Hz
C015	多步频率 11	28Hz

（续）

功能代码	名　称	设定数据
C016	多步频率 12	18Hz
C017	多步频率 13	10Hz
C018	多步频率 14	22Hz
C019	多步频率 15	36Hz
P01	电动机 1（极数）	2 极
P02	电动机 1（功率）	1.1kW
P03	电动机 1（额定电流）	2.52A

3. 参数含义详解及设定操作

（1）E01～E09（X1～X9）端子功能　此多段速参数功能的设定，可任选 4 个端子，作为 15 种频率速段组合的输入端，由 4 个端子的接通和断开组合来决定其各速段的频率的选择，从而实现变频器的多段速控制，具体频率参数的设定，由相应控制功能参数 C05～C19 进行频率的设定。本项目选择 X1～X4 端子作为频率选择信号组合开关（SS1，SS2，SS4，SS8）的输入端，具体参数功能组合选择含义见表 2-16。

表 2-16　多步频率的选择

设定接点输入信号组合				选择的频率
3（SS8）	2（SS4）	1（SS2）	0（SS1）	
OFF	OFF	OFF	OFF	在 F01（C30）上选择的频率
OFF	OFF	OFF	ON	C05 多步 Hz1
OFF	OFF	ON	OFF	C06 多步 Hz2
OFF	OFF	ON	ON	C07 多步 Hz3
OFF	ON	OFF	OFF	C08 多步 Hz4
OFF	ON	OFF	ON	C09 多步 Hz5
OFF	ON	ON	OFF	C10 多步 Hz6
OFF	ON	ON	ON	C11 多步 Hz7
ON	OFF	OFF	OFF	C12 多步 Hz8
ON	OFF	OFF	ON	C13 多步 Hz9
ON	OFF	ON	OFF	C14 多步 Hz10
ON	OFF	ON	ON	C15 多步 Hz11
ON	ON	OFF	OFF	C16 多步 Hz12
ON	ON	OFF	ON	C17 多步 Hz13
ON	ON	ON	OFF	C18 多步 Hz14
ON	ON	ON	ON	C19 多步 Hz15

G11S：0.00～400.00Hz
P11S：0.00～120.00Hz

（2）C05～C19 多步频率功能参数　此参数为多步频率值的设定，共有 15 种频率可进行设定，由端子功能 SS1、SS2、SS4 和 SS8 的通断组合来选择多步运行频率 1～15。其参数含义见表 2-17。

表 2-17　多步频率的设定

C	0	5	多	步		H	z	1	
C	0	6	多	步		H	z	2	
C	0	7	多	步		H	z	3	
C	0	8	多	步		H	z	4	
C	0	9	多	步		H	z	5	
C	1	0	多	步		H	z	6	
C	1	1	多	步		H	z	7	
C	1	2	多	步		H	z	8	
C	1	3	多	步		H	z	9	
C	1	4	多	步		H	z	1	0
C	1	5	多	步		H	z	1	1
C	1	6	多	步		H	z	1	2
C	1	7	多	步		H	z	1	3
C	1	8	多	步		H	z	1	4
C	1	9	多	步		H	z	1	5

设定范围为 G11S：0～400Hz，P11S：0～120Hz。

多段速运行频率参数的操作含义如图 2-53 所示。

注意：富士 FRN2.2G11S-4CX 变频器总共有 15 段速可进行设定，但如果在工艺生产要求中只应用了其中的某几段，则其他未用的频段均设为 0Hz。

4. 参数设定操作及调试

1）将所涉及参数先按要求正确置入变频器：按下键盘面板 PRG 键进入参数设置菜单画面，观察 LCD 监视器并按表 2-15 所给参数进行正确设置，运行曲线如图 2-51 所示（如运行操作用键盘面板则 F02 设为 0，如运行操作为外端子模式则 F02 设为 1。或同时按下 STOP 和 RESET 键可切换操作模式）。

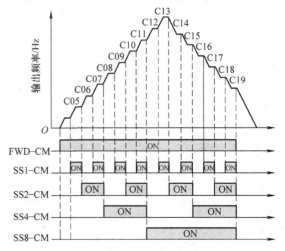

图 2-53　多段速运行频率参数的操作含义

2）参数设置完毕按 RESET 键返回初始画面（观察 LED、LCD 显示窗光标应指在相应位置上）。

3）此多段速控制运行参数设定完毕即可进行多速段正、反转运行控制。由于键盘面板操作多段速控制和外端子操作多段速控制步骤相同，只是在进行相应操作时，改变一下运行模式即可，这里以外端子操作运行模式进行操作。

4）在SA3即（X1）与CM接通，SA4、SA5、SA6即（X2、X3、X4）与CM均断开的情况下，接通SA1所对应正转输入端FWD与CM，此时电动机正转在15Hz。

5）在X2接通，X1、X3、X4均断开的情况下，接通FWD，电动机正转在30Hz。

6）在X1、X2接通，X3、X4断开的情况下，接通FWD，电动机正转在50Hz。

7）在X3接通，X1、X2、X4断开的情况下，接通FWD，电动机正转在20Hz。

8）在X1、X3接通，X2、X4断开的情况下，接通REV，电动机反转在25Hz。

9）在X2、X3接通，X1、X4断开的情况下，接通REV，电动机反转在45Hz。

10）在X1、X2、X3接通，X4断开的情况下，接通REV，电动机反转在10Hz。

11）在X4接通，X1、X2、X3断开的情况下，接通FWD电动机正转在40Hz。

12）在X1、X4接通，X2、X3断开的情况下，接通FWD电动机正转在48Hz。

13）在X2、X4接通，X1、X3断开的情况下，接通FWD电动机正转在38Hz。

14）在X1、X2、X4接通，X3断开的情况下，接通FWD电动机正转在28Hz。

15）在X3、X4接通，X1、X2断开的情况下，接通FWD电动机正转在18Hz。

16）在X1、X3、X4接通，X2断开的情况下，接通FWD电动机正转在10Hz。

17）在X2、X3、X4接通，X1断开的情况下，接通REV电动机反转在22Hz。

18）在X1、X2、X3、X4全接通的情况下，接通REV电动机反转在36Hz。

注意：用户可根据不同生产工艺和机械设备的控制要求，在15段速范围内进行任意速段的设定和运行操作。

5. 注意事项

1）接线完毕后一定要重复认真检查以防错误烧坏变频器，特别是主电源电路。

2）在接线时变频器内部端子用力不得过猛，以防损坏。

3）在送电和停电过程中要注意安全，特别是在停电过程中必须待面板LED显示全部熄灭情况下方可打开盖板。

4）在变频器进行参数设定操作时，应认真观察LED、LCD监视窗的内容及光标所在位置，以免发生错误，争取一次试验成功。

5）在多段速操作和参数设定时，一定要注意操作和参数设置的正确性，以防设备损坏和不安全因素的产生。

第七节 变频器的程序运行操作

程序运行是变频器在生产机械、家用电器、运输工具控制中常用的运行方法，它是将预先需要运行的曲线及相关参数按时间的顺序预置到变频器内部，按所设定的运行时间、旋转方向、加/减速时间和设定频率自动运行的一种方法。

一、控制要求

有一台三相异步电动机功率为1.1kW，额定电流为2.52A，额定电压为380V。现需要用变频器进行程序控制，通过参数设置和外端子接线，使变频器按时间顺序预置的程序控制电动机的运行。在运行操作中运行频率按表2-18所给参数设定运行。

二、操作步骤

1. 富士变频器程序控制电路的连接

（1）主电路的连接

1）输入端子 L1/R、L2/S、L3/T 接三相电源。

2）输出端子 U、V、W 接电动机

输入/输出端子的接线情况如图 2-34 所示。

（2）控制电路的连接　程序操作控制电路的连接如图 2-54 所示。

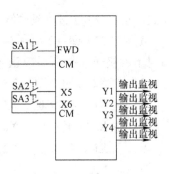

图 2-54　程序运行控制接线

2. 参数设定

富士变频器程序控制电路可按表 2-18 设定相关参数。

表 2-18　富士变频器程序控制电路设定相关参数

功能代码	名　　称	设定数据
F01	频率设定 1	10
F02	运行操作	0，1
F03	最高输出频率 1	50Hz
F04	基本频率 1	50Hz
F05	额定电压	380V
F06	最高输出电压	380V
F07	加速时间 1	6s
F08	减速时间 1	5s
F10	电子热继电器 1	1
F11	电子热继电器 OL 设定值 1	110%
F12	电子热继电器热常数 t1	0.5min
E05	X5 端子功能	4
E06	X6 端子功能	5
E10	加速时间 2	3s
E11	减速时间 2	3s
E12	加速时间 3	2s
E13	减速时间 3	4s
E14	加速时间 4	7s
E15	减速时间 4	8s
E20	程序运行换步信号	16
E21	程序运行一次循环结束信号	17
E22	程序运行步数指示	18
E23	程序运行步数指示	19
E24	程序运行步数指示	20
C21	程序运行（动作选择）	0，1，2
C22～C28	程序步 1～7	按表 2-24 设定
C05～C11	多步频率设定	按表 2-24 设定
P01	电动机 1（极数）	2 极
P02	电动机 1（功率）	1.1kW
P03	电动机 1（额定电流）	2.52A

3. 参数含义详解及设定操作

（1）E05"X5端子功能" 设定值为"4"。加减速时间的选择RT1。

（2）E06"X6端子功能" 设定值为"5"。加减速时间的选择RT2。在变频器内部有四种加减速时间的选择，其中三种可通过外部接点输入信号选择E05~E09预设的加/减速时间。指定两个接点输入端子（本项目指定E05，E06（X5，X6）两个接点）相应设定功能数据为4、5，即可由它们的ON/OFF组合来选择减/减速时间，见表2-19。

表2-19 加减速时间的选择

设定接点输入信号组合		选择的加/减速时间	
5（RT2）	4（RT1）		
OFF	OFF	F07 加速时间1 F08 减速时间1	设定可能范围 0.01~3600s
OFF	ON	E10 加速时间2 E11 减速时间2	
ON	OFF	E12 加速时间3 E13 减速时间3	
ON	ON	E14 加速时间4 E15 减速时间4	

1）E10加速时间2，E11减速时间2。

2）E12加速时间3，E13减速时间3。

3）E14加速时间4，E15减速时间4。

加/减速时间（2~4）的动作以及设定范围和"F07加速时间1"、"F08减速时间1"相同，参数含义可参阅F07、F08说明。

4）E20~E24 Y端子输出功能。此参数作为变频器输出监视的一种功能，本项目监视的内容为程序运行监视，可根据不同生产要求进行监视。

① E20设定代码为16，程序运行换步信号。当程序运行换步时，输出1个脉冲（100ms）ON信号，表示程序运行换至下一步。

② E21设定代码为17，程序运行一个循环结束信号。当程序运行1~7步全结束时，输出1个脉冲（100ms）ON信号，表示步数变化结束。

③ E22、E23、E24设定代码分别为18、19、20，程序运行步数指示。在程序运行时，输出当时正在运行的步数（运行过程）。其程序步数切换见表2-20。

表2-20 程序步数切换

程序运行步数号	输出端子		
	Y2（18）	Y3（19）	Y4（20）
步1	ON	OFF	OFF
步2	OFF	ON	OFF
步3	ON	ON	OFF
步4	OFF	OFF	ON
步5	ON	OFF	ON
步6	OFF	ON	ON
步7	ON	ON	ON

（3）C21 程序运行方式选择　程序运行是按照预设定的运行时间、旋转方向、加/减速时间和设定频率自动运行的一种方式。使用此功能时，功能"F01 频率设定 1"应设定为 10（程序运行）。运行方式的选择见表 2-21。

表 2-21　运行方式的选择

设定值	运 行 方 式
0	程序运行一个循环结束后停止
1	程序运行反复循环，有停止命令输入时即刻停止
2	程序运行一个循环后，按最后的设定频率继续运行

（4）C22 ~ C28（程序步 1 ~ 程序步 7）　在程序运行时，按照"C22 程序步 1"到"C28 程序步 7"的设定值顺序（功能码）运行。各功能为设定每个程序步的运行时间、旋转方向以及加、减速时间功能。程序步功能设定见表 2-22。

表 2-22　程序步功能设定

设定分配项目	数据范围
运行时间	0.00 ~ 6000s
旋转方向	F：正转（逆时针方向） R：反转（顺时针方向）
加/减速时间	1：F07 加速时间 1，F08 减速时间 1
	2：E10 加速时间 2，E11 减速时间 2
	3：E12 加速时间 3，E13 减速时间 3
	4：E14 加速时间 4，E15 减速时间 4

注意：运行时间有效位数为 3 位，因此按前三位设定。下面用一实例来说明程序步功能设定的具体含义。

设定举例

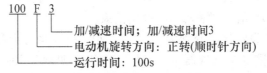

100 F 3
　　　└─ 加/减速时间；加/减速时间3
　　└─── 电动机旋转方向：正转(顺时针方向)
　└───── 运行时间：100s

在程序运行设定中，不使用的程序步可设定其运行时间为 0.00。运行时，将跳越该步，直接转入下一步。在进行频率设定时其设定值应按表 2-23 所示，指定用多步频率功能设定。对应"C05 多步频率 1" ~ "C11 多步频率 7"设定各步频率。

表 2-23　多步频率设定

程序步号	运行（设定）频率	程序步号	运行（设定）频率
1	C05 多步频率 1	5	C09 多步频率 5
2	C06 多步频率 2	6	C10 多步频率 6
3	C07 多步频率 3	7	C11 多步频率 7
4	C08 多步频率 4		

程序运行频率设定举例见表2-24。

表 2-24 程序运行频率设定举例

功　能	设定值	运行（设定）频率
C21（动作选择）	1	
C22（步1）	60.0F2	C05 多步频率1（10Hz）
C23（步2）	100F1	C06 多步频率2（40Hz）
C24（步3）	65.5R4	C07 多步频率3（15Hz）
C25（步4）	55.0R3	C08 多步频率4（35Hz）
C26（步5）	50.0F2	C09 多步频率5（30Hz）
C27（步6）	72.0F4	C10 多步频率6（50Hz）
C28（步7）	35.0F2	C11 多步频率7（35Hz）

以上设定的程序运行过程如图2-55所示。

4. 参数设定操作及调试

1）将所涉及参数按要求正确置入变频器：按下键盘面板 PRG 键进入参数设置菜单画面，观察 LCD 监视器并按表2-18 和表2-24 所给参数进行正确设置。

2）参数设置完毕按 RESET 键返回初始画面（观察 LED、LCD 显示及光标指示位置应正确）。

3）进一步检查变频器程序运行参数设置的正确及完整性，若无问题则可进行程序运行调试。

4）程序运行操作可由面板操作 FWD 正转进行，也可由外端子输入 FWD 正转信号进行，其操作运行方法相同。这里以外端子输入进行运行操作。具体运行方式如图2-55 所示。

5）接通 FWD 端子，电动机按照所设定程序步开始运行。由 E20、E21、

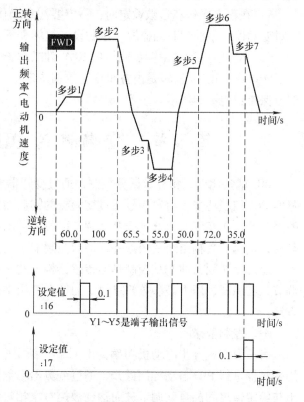

图2-55　程序运行过程

E22、E23、E24，Y 输出端子功能进行监视，也可直接观察 LED、LCD 监视窗，看变频器是否按照所要求设定的程序运行。当运行在程序步所设加减速为：加减速时间2、加减速时间3、加减速时间4时，相应外部输入接点 SA2、SA3 即（X1，X2）也要相互切换接通。具体应用见表2-19。

6）需要停止时按下面板上的 STOP 键或在外端子操作时断开 FWD 端子连线，程序步将暂停运行。再次按面板 FWD 键，或接通外端子控制模式 FWD 连线，将从该停止点开始起动运行。发生报警停止时，先按面板上的 RESET 键解除保护功能动作，然后按面板 FWD 键，或接通外端子 FWD 连线，将又从原停止步的停止点继续向前运行。运行中途，若要重

新从"C22 程序步 1"开始运行，则应先输出停止命令，再按 RESET 键。发生报警停止时，为解除保护功能，可先按 RESET 键，然后再按一次 RESET 键。

注意：用户可根据不同生产工艺和机械设备的控制要求，对 C21 功能参数（程序运行方式）进行选择。

5. 注意事项

1）接线完毕后一定要重复认真检查以防错误烧坏变频器，特别是主电源电路。

2）在接线时变频器内部端子用力不得过猛，以防损坏。

3）在送电和停电过程中要注意安全，特别是在停电过程中必须待面板 LED 显示全部熄灭情况下方可打开盖板。

4）在变频器进行参数设定操作时，应认真观察 LED、LCD 监视窗的内容及光标所在位置，以免发生错误，争取一次试验成功。

5）在程序操作和参数设定时，一定要注意操作和参数设置的正确性，尽量完善输出功能对变频器程序控制时的监视，以防设备损坏和不安全因素的产生。

6）在程序运行中由键盘面板的 REV 键或端子 REV 输入反转命令时，仅取消运行命令，不反转动作。正转/反转是由各步设定数据决定的。另外，控制端子输入时，运行命令的内部自保持功能不起作用。

第八节　变频器的 PID 控制运行操作

PID 就是比例、积分、微分控制，通过变频器实现 PID 控制有两种情况：一是变频器内置的 PID 控制功能，给定信号通过变频器的键盘面板或端子输入，将反馈信号反馈给变频器的控制端，在变频器内部进行 PID 调节以改变输出频率；二是用外部的 PID 调节器将给定量与反馈量比较后输出给变频器并施加到控制端子上作为控制信号。

总之，变频器的 PID 控制是与传感器构成的一个闭环控制系统，实现对被控制量的自动调节，在温度、压力等参数要求恒定的场合应用十分广泛，是变频器在节能方面常用的一种方法。

一、控制要求

有一台三相异步电动机功率为 1.1kW，额定电流为 2.52A，额定电压为 380V。现需要用变频器进行 PID 自动控制操作，通过变频器参数设置和外端子接线来实现变频器的运行输出与给定值之间的自动调节进而达到被控对象相对稳定的目的。在运行操作中运行频率按表 2-25 所给参数设定运行。

二、操作步骤

1. 富士变频器 PID 控制电路的连接

（1）主电路的连接

1）输入端子 L1/R、L2/S、L3/T 接三相电源。

2）输出端子 U、V、W 接电动机。

输入/输出端子的接线情况图 2-34 所示。

（2）控制电路的连接　PID 控制电路的连接如图 2-56 所示。

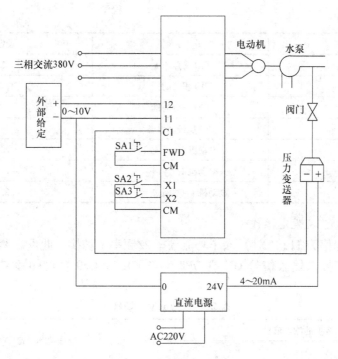

图 2-56 PID 控制接线

2. 参数设定

富士变频器 PID 控制电路可按表 2-25 设定相关参数。

表 2-25 富士变频器 PID 控制电路参数设定

功能代码	名　　称	设定数据
F01	频率设定 1	0
F02	运行操作	0，1
F03	最高输出频率 1	50Hz
F04	基本频率 1	50Hz
F05	额定电压	380V
F06	最高输出电压	380V
F07	加速时间 1	6s
F08	减速时间 1	5s
F10	电子热继电器 1	1
F11	电子热继电器 OL 设定值 1	110%
F12	电子热继电器热常数 t1	0.5min
E01	X1 端子功能	11
E02	X2 端子功能	20
E40	显示系数 A	50Hz
E41	显示系数 B	0Hz
H20	PID 控制选择	1
H21	PID 反馈选择	1

（续）

功能代码	名　称	设定数据
H22	PID 增益控制	2.00
H23	PID 积分时间	60s
H24	PID 微分时间	2s
H25	PID 反馈滤波器	5s
P01	电动机 1（极数）	2 极
P02	电动机 1（功率）	1.1kW
P03	电动机 1（额定电流）	2.52A

3. 相关参数含义及设定操作

（1）E01 设定值为 11，（X1）端子功能频率 2/频率 1 切换　此设定参数为频率 2/频率 1 的切换，由外部接点输入信号 ON 或 OFF 切换 F01 和 C30 预设的频率设定方法，见表 2-26。

表 2-26　频率设定切换

设定数据的输入信号 11	选择频率设定方法
OFF	F01 Hz 频率设定 1
ON	C30 Hz 频率设定 2

注意：不要和设定值 35 同时使用。如同时选择设定值 11 和 35 的话会显示 Er6 错误代码。

（2）E02 设定值为 20，（X2）端子功能 PID 控制取消　此参数为 PID 控制取消，当外部接点输入信号 ON 或 OFF 时 PID 控制无效或有效，见表 2-27。

表 2-27　PID 控制选择

设定数据的输入信号 20	选　择　功　能
OFF	PID 控制有效
ON	PID 控制无效（由键盘面板设定频率）

（3）E40 显示系数 A 和 E41 显示系数 B　这两个参数用作在 LED 监视器上显示负载速度、线速度及 PID 调节器的目标值和反馈量（过程控制量）等的换算系数。

设定范围为显示系数 A：-999.00~0.00~+999.00；显示系数 B：-999.00~0.00~+999.00。

当作为负载速度、线速度显示时应使用"E40 显示系数 A"。

当作为 PID 调节器的目标值和反馈值监视时，"E40 显示系数 A"设定显示数据的最大值，"E41 显示系数 B"设定最小值。

（4）H20~H25　H20~H25 为工艺生产自动控制时所用 PID 调节控制作用参数。通过控制对象传感器等检测控制量（反馈量），将其与目标值（温度等设定值）进行比较。若有偏差，则通过此功能的控制动作使偏差为 0。它是使反馈量与目标值一致的一种较通用的控制方式。适用于流量控制、压力控制、温度控制等过程控制，如图 2-57 所示。

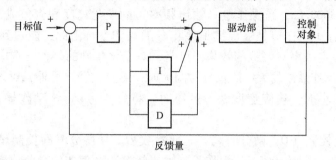

图 2-57　自动调节控制过程

　　根据实际要求对 PID 调节器进行正、反作用的选择，按照 PID 调节器的输出，可使电动机的转速增加或减小。此功能参数在选择第 2 电动机时无变化。

　　(5) H20 PID 控制选择　此参数 PID 动作设定。设定范围为 0，1，2。设定值的功能是：0：不动作。

　　1：正动作。

　　2：反动作。

　　变频器输出与 PID 调节输出正、反动作之间的关系如图 2-58 所示。

　　(6) H21 PID 控制反馈选择　在自动调节 PID 控制中，选择反馈量输入端子及其电气规范时，可根据传感器的规格进行确定。此 PID 反馈量只能输入正值，不能输入负值（−10～0V 等）。因此，不能用模拟信号控制可逆运行。其反馈信号的选择见表 2-28。

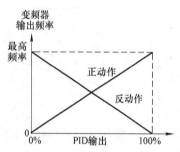

图 2-58　PID 控制正反动作功能

表 2-28　反馈信号的选择

设定值	选 择 项 目
0	控制端子 12 正动作（电压输入 0～10V）
1	控制端子 C1 正动作（电流输入 4～20mA）
2	控制端子 12 反动作（电压输入 10～0V）
3	控制端子 C1 反动作（电流输入 20～4mA）

　　(7) H22 PID 控制（P：增益）　此参数为 PID 增益控制设定，设定范围为 0.01～10.00 倍。当操作量（输出频率）和偏差之间成比例关系动作时，称为 P 动作。因此，P 动作即是输出和偏差成比例的操作量。但是只是 P 动作不能使偏差为 0。P（增益）是决定 P 动作对偏差响应程度的参数。增益取大时，响应快，但过大将产生振荡。增益取小时，响应滞后。偏差在 100% 时，最高频率为 100%，P 增益为 1。其控制响应关系如图 2-59 所示。

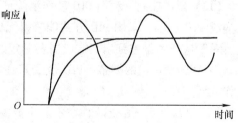

图 2-59　P 控制响应关系

(8) H23 PID 控制（I：积分时间）　此参数为 PID 积分时间控制设定，设定范围为 0.0（不动作），0.1～3600.0s。当操作量（输出频率）的变化速度和偏差成比例关系动作时，称为 I 动作。因此，I 动作即是输出按偏差积分的操作量。由此，能达到使控制量（反馈量）和目标值（设定频率）一致的效果。可是，对变化急剧的偏差，响应就差。用积分时间参数 I 可决定 I 动作效果的大小。积分时间大时，响应迟缓。另外，对外部扰动的控制能力变差。积分时间小时，响应速度快。过小时，将发生振荡。I 动作输出含义如图 2-60所示。

(9) H24 PID 控制（D：微分时间）　　此参数为 PID 微分时间控制设定，设定范围为 0.00（不动作），0.01～10.00s。当操作量（输出频率）和偏差的微分值成比例动作时，称为 D 动作。因此，D 动作即是输出按偏差微分的操作量，对急剧变化的响应很快。用微分时间参数 D 可决定动作效果的大小。微分时间大时，能使发生偏差时 P 动作引起的振荡很快衰减。但过大时，反而引起振荡。微分时间小时，发生偏差时的衰减作用小。D 动作输出含义如图 2-61 所示。

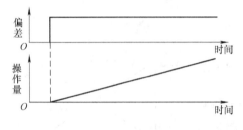

图 2-60　I 动作输出含义

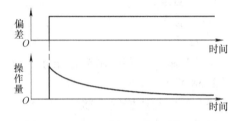

图 2-61　D 动作输出含义

在工艺生产和机械设备的自动控制中，一般 PID 操作不单独作用，即 P 增益、I 积分时间、D 微分时间不单独使用。常使用 PI 控制、PD 控制和 PID 控制等组合控制方式。

(10) PI 控制　仅用 P 动作控制，不能完全消除偏差。为了消除残留偏差，一般采用增加 I 动作的 P+I 控制，即 PI 控制。使用 PI 控制时，能消除由改变目标值和经常的外来扰动等引起的偏差。但是，I 动作过强时，对快速变化偏差响应迟缓。对有积分元件的负载系统，也可以单独使用 P 动作控制。

(11) PD 控制　发生偏差时，PD 控制将很快产生比单独 D 动作还要大的操作量，以此来抑制偏差的增加。偏差减小时，P 动作的作用减小。控制对象含有积分元件负载场合，仅 P 动作控制，有时由于此积分元件作用，系统发生振荡。在该场合，为了使 P 动作的振荡衰减和系统稳定，可用 PD 控制。换言之，适用于过程本身没有制动作用的负载。

(12) PID 控制　利用 PID 动作消除偏差作用和 D 动作抑制振荡作用，再结合全 P 动作就构成 PID 控制。采用 PID 方式能获得无偏差、精度高和系统稳定的控制过程。

对于从产生偏差到出现响应需要一定时间的负载系统，效果较好。

1）PID 设定值的调整：PID 值最好在用示波器等监视响应波形的同时进行调整，可进行如下调整：

① "H22（P：增益）"，在不发生振荡条件下增大其值。

② "H23（I：积分时间）"，在不发生振荡条件下减小其值。

③ "H24（D：微分时间）"，在不发生振荡条件下增大其值。

2）在 PID 作用时，对响应波形可进行如下调整：

① 抑制超调：增大"H23（I：积分时间）"，减小"H24（D：微分时间）"，如图 2-62 所示。

② 加快响应速度（允许少量超调）：减小"H23（I：积分时间）"，增大"H24（D：微分时间）"，如图 2-63 所示。

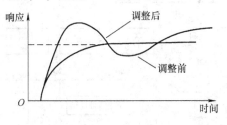
图 2-62　PID 控制调整曲线（一）

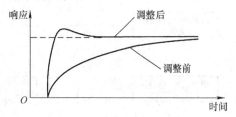
图 2-63　PID 控制调整曲线（二）

③ 抑制比"H23（I：积分时间）"长的周期振荡：增大"H23（I：积分时间）"，如图 2-64 所示。

④ 抑制大约和"H24（D：微分时间）"同样长周期的振荡：减小"H24（D：微分时间）"。设定 0.0 仍有振荡时，减小"H22（P：增益）"，如图 2-65 所示。

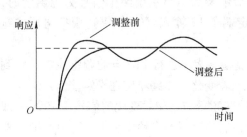
图 2-64　PID 控制调整曲线（三）

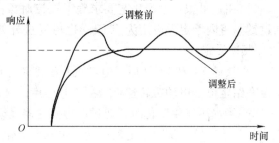
图 2-65　PID 控制调整曲线（四）

（13）H25 PID 控制（反馈滤波器）　此参数为反馈滤波时间系数的设定，它是由控制端子 12 或 C1 输入的反馈信号用的滤波器。此滤波器能使 PID 控制系统稳定。但是，设定值过大时，响应变差。设定范围为 0.0～60.0s。

4. 参数设置操作及运行调试

1）将所涉及的参数按要求正确置入变频器：按下键盘面板 PRG 键进入参数设置菜单画面，观察 LCD 监视器并按表 2-25 所给参数进行正确设置。

2）参数设置完毕按 RESET 键返回初始画面（观察 LED、LCD 显示及光标指示位置应正确）。

3）变频器参数设定后，进行整个 PID 调节系统的检查，要求完整无误后方可运行调试，确保一次成功。

4）PID 控制运行操作可由面板进行也可由外端子输入正、反转信号进行，其操作运行方法相同。这里以外端子输入进行运行操作。具体操作方法如图 2-66 所示。

5）根据外端子 X1 的输入状态，决定 PID 运行控制所需信号是外给定还是内给定。其中内给定由键盘面板直接设定被控对象的所需控制值；外给定是通过被控对象的要求，由外部信号供给变频器所需的控制值。在自动控制系统刚开始运行时，由于系统波动较大此时可先不加入 PID 调节控制，由键盘面板（或手动）直接调节频率的高低，来控制被控对象，待系统差不多相对稳定后再加入 PID 自动调节。此功能的实现可由 X2 的 ON 与 OFF 输入状态决定 PID 功能是否取消。

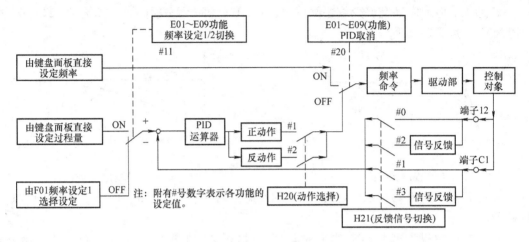

图 2-66　变频器 PID 操作运行过程

6）用户可根据生产工艺要求确定被控对象的给定参数。当系统给定信号为内给定时，通过键盘将内给定值设定为 30Hz。也可通过外给定端子 12 输入（0～10V）模拟电压进行 30Hz 频率设定。

7）接通 X1 和 FWD 后，电动机开始正转并根据偏差大小进行 PID 自动调整控制，直到稳定在给定值。电动机转速将根据工艺生产的波动随着变化，始终稳定在设定值上。

8）当水压发生变化时，通过压力变送器反馈给变频器与之相对变化的信号 4～20mA 或人为改变给定信号值时，电动机转速也随着变化，最后稳定运行在给定值上。这就是变频器的 PID 调节功能。

9）在两种控制运行模式下，当需要停止时，按下面板 STOP 键或断开端子正转 FWD 连线开关 SA1，变频器立即减速停止。

5. 注意事项

1）接线完毕后一定要重复认真检查，以防错误烧坏变频器，特别是主电源电路。

2）在接线时变频器内部端子用力不得过猛，以防损坏。

3）在送电和停电过程中要注意安全，特别是在停电过程中必须待面板 LED 显示全部熄灭情况下方可打开盖板。

4）在变频器进行参数设定时，要根据工艺生产的要求进行 PID 操作正、反动作的选择。操作时应认真观察 LED、LCD 监视窗的内容及光标所在位置，以免发生错误，争取一次试验成功。

5）在采用变频器内部 PID 的功能时，加减速时间由积分时间的预置值决定，当不采用变频器内部 PID 的功能时，加减速时间由相应的参数决定。

第三章 变频器及外围设备的选择

第一节 变频器类型的选择

根据控制功能将通用变频器分为四种类型：普通功能型 U/f 控制方式通用变频器、具有转矩控制功能的 U/f 控制方式通用变频器、矢量控制方式的高性能型通用变频器和直接转矩控制方式的高性能型通用变频器。

根据生产机械的机械特性不同，负载可分为四种类型：恒转矩负载、恒功率负载、二次方律负载和直线律负载。

因为电力拖动控制系统的稳态工作情况取决于电动机和负载的机械特性，不同负载的机械特性和性能要求是不同的，所以在变频器类型的选择时，要根据负载的类型、调速范围、静态速度精度、起动转矩等的具体要求来进行。在满足工艺和生产的基本条件和要求的前提下，力求做到既经济，又好用。

一、对恒转矩负载变频器的选择

恒转矩负载是指负载转矩的大小只取决于负载的轻重，而与负载的转速大小无关的负载。在工矿企业中应用比较广泛的挤压机、搅拌机、桥式起重机、提升机和带式输送机等都属于恒转矩负载类型，其特殊之处在于无论正转和反转都有着相同大小的转矩。

1. 恒转矩负载及其特性

（1）转矩特点　在调节负载转速的过程中，负载转矩 T_L。基本保持恒定，具有恒转矩的特点，即

$$T_L = 常数$$

负载转矩 T_L 的大小与转速 n_L 的大小无关，其机械特性如图 3-1a 所示。

（2）功率特点　负载的功率 P_L（单位为 kW）、转矩 T_L（单位为 N·m），与转速 n_L 之间的关系为

$$P_L = \frac{T_L n_L}{9550} \tag{3-1}$$

即，负载功率与转速成正比，其功率特性如图 3-1b 所示。

带式输送机的基本结构和工作情况如图 3-2 所示。当带式输送机工作时，其运动方向与负载阻力方向相反。其负载转矩的大小与阻力的关系为

$$T_L = Fr \tag{3-2}$$

式中　F ——传动带与滚筒间的摩擦阻力（N）；

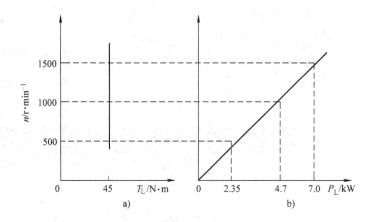

图 3-1　恒转矩负载的机械特性和功率特性

a）机械特性　b）功率特性

r——滚筒的半径（m）。

由于 F 和 r 都和转速 n_L 的快慢无关，所以在调节转速的过程中，转矩 T_L 保持不变，即具有恒转矩的特点。

2. 变频器的选择

在选择变频器类型时，需要考虑的因素有以下几个方面。

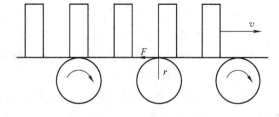

图 3-2　带式输送机

（1）调速范围　在调速范围不大、对机械特性的硬度要求也不高的情况下，可以考虑普通功能型 U/f 控制方式的变频器，或无反馈的矢量控制方式。当调速范围很大时，应考虑采用有反馈的矢量控制方式。

（2）负载转矩的变动范围　对于转矩变动范围不大的负载，首先应考虑选择普通功能型 U/f 控制方式的变频器，为了实现恒转矩调速，常采用加大电动机和变频器容量的方法，以提高低速转矩。但对于转矩变动范围较大的负载，可以考虑选择具有转矩控制功能的高功能型 U/f 控制方式的变频器来实现负载的调速运行，由于这种变频器低速转矩大，静态机械特性硬度大，不怕冲击负载，具有挖土机特性。此外，恒转矩负载下的传动电动机，如果采用通用性标准电动机，还应考虑低速下的强迫通风制冷问题。

（3）负载对机械特性的要求　如负载对机械特性要求不很高，则可以考虑选择普通功能型 U/f 控制方式的变频器，而在要求较高的场合，则必须采用矢量控制方式。如果负载对动态响应性能也有较高要求，还应考虑采用有反馈的矢量控制方式。

二、对恒功率负载变频器的选择

恒功率负载是指负载转矩的大小与转速成反比，而其功率基本维持不变的负载。各种卷取机械是恒功率负载类型，如造纸机械、薄膜卷取机等。

1. 恒功率负载及其特性

（1）功率特点　在不同的转速下，负载的功率基本保持恒定，即

$$P_L = 常数$$

负载功率的大小与转速的大小无关，其功率特性如图 3-3b 所示。

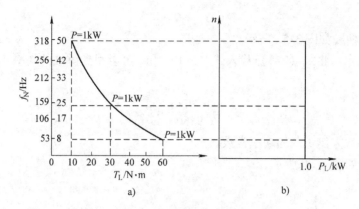

图3-3 恒功率负载的转矩特性和功率特性
a）转矩特性 b）功率特性

（2）转矩特点 负载的功率 P_L（单位为 kW）、转矩 T_L（单位为 N·m），与转速 n_L 之间的关系为

$$T_L = \frac{9550P_L}{n_L} \tag{3-3}$$

负载转矩 T_L 的大小与转速 n_L 成反比。其转矩特性如图 3-3a 所示。

（3）典型实例 各种薄膜的卷取机械如图 3-4 所示。其工作特点是：随着薄膜卷的卷径不断增大，卷取轮的转速应逐渐减小，以保持薄膜的线速度恒定，从而保持了张力的恒定，而负载转矩的大小 T_L 为

$$T_L = Fr \tag{3-4}$$

式中 F——卷取物的张力，在卷取过程中，要求张力保持恒定（N）；

r——卷取物的卷取半径，随着卷取物不断地卷绕到卷取轮上，r 将越来越大（m）。

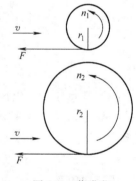

图3-4 薄膜卷

由于具有上述特点，因此在卷取过程中，拖动系统的功率是恒定的，即

$$P_L = Fv = 常数$$

式中 v——卷取物的线速度。

随着卷绕过程的不断进行，卷取物的直径则不断加大，负载转矩也不断加大。

2. 变频器的选择

变频器可以选择通用型的，采用 U/f 控制方式的变频器已经够用。但对动态性能和精确度有较高要求的卷取机械，则必须采用有矢量控制功能的变频器。

三、对二次方律负载变频器的选择

二次方律负载是指转矩与转速的二次方成正比变化的负载，如风扇、离心式风机和水泵都属于典型的二次方律负载。

1. 二次方律负载及其特性

（1）转矩特点 负载的转矩 T_L 与转速 n_L 的二次方成正比，即

$$T_L = K_T n_L^2 \qquad (3\text{-}5)$$

其机械特性曲线如图 3-5a 所示。

（2）功率特点　将式（3-5）代入式（3-1）中，可以得到负载的功率 P_L 与转速 n_L 的三次方成正比，即

$$P_L = \frac{K_T n_L^2 n_L}{9550} = K_P n_L^3 \qquad (3\text{-}6)$$

式中　K_P——二次方律负载的功率常数。

其功率特性如图 3-5b 所示。

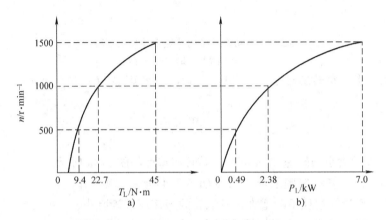

图 3-5　二次方率负载的机械特性和功率特性

a）机械特性　b）功率特性

（3）典型实例　以风扇叶为例，如图 3-6 所示。风扇的空载损耗转矩 T_0，空载损耗功率为 P_0，则风扇的转矩表达式为

$$T_L = T_0 + K_T n_L^2 \qquad (3\text{-}7)$$

风扇的功率表达式应为

$$P_L = P_0 + K_T n_L^2 \qquad (3\text{-}8)$$

式中　n_L——风扇转速；

　　　K_T——负载转矩常数。

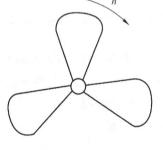

图 3-6　风扇叶片

2. 变频器的选择

可以考虑选用"风机、水泵专用变频器"，此类变频器有利于风机、水泵调速系统的设计和简化。风机、水泵专用变频器具有以下特点：

1）由于风机、水泵一般不容易过载，低速时负载转矩较小，所以此类变频器的过载能力较低，通常为 120%，1min（通用变频器为 150%，1min）。因此，在进行功率预置时必须注意。由于负载的转矩与转速的二次方成正比，当工作频率高于额定频率时，负载的转矩有可能大大超过变频器额定转矩，使电动机过载，所以，其最高工作频率不得超过额定频率。

2）配置了进行多泵切换、换泵控制的转换功能。

3）配置了一些其他专用的控制功能，如睡眠唤醒、消防控制、水位控制、定时开关机、PID 调节等功能。

81

四、对其他类型的负载变频器的选择

1. 直线律负载变频器的选择

轧钢机和辗压机等都是直线律负载。

（1）直线律负载及其特性

1）转矩特点：负载阻转矩 T_L 与转速 n_L 成正比，即

$$T_L = K'_T n_L \tag{3-9}$$

其机械特性如图 3-7a 所示。

2）功率特点：将式（3-9）代入式（3-1）中，可知负载的功率 P_L 与转速 n_L 的二次方成正比，即

$$P_L = \frac{K'_T n_L n_L}{9550} = K'_P n_L^2 \tag{3-10}$$

式中　K'_T 和 K'_P——直线律负载的转矩常数和功率常数。

其功率特性如图 3-7b 所示。

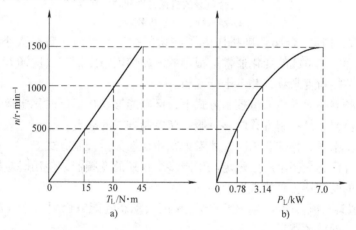

图 3-7　直线率负载的机械特性和功率特性

a）机械特性　b）功率特性

3）典型实例：辗压机如图 3-8 所示。其负载转矩的大小为

$$T_L = Fr \tag{3-11}$$

式中　F——辗压辊与工件间的摩擦力（N）；

　　　r——辗压辊的半径（m）。

在工件厚度相同的情况下，要使工件的线速度 v 加快，必须同时加大上下辗压辊间的压力（从而也加大了摩擦力 F），即摩擦力与线速度 v 成正比，故负载的转矩与转速成正比。

（2）变频器的选择　直线律负载的机械特性虽然也有典型意义，但是在考虑变频器时，其基本要点与二次方律负载相同，所以不作为典型负载来讨论。

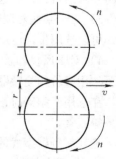

图 3-8　辗压机

2. 对混合特殊性负载变频器的选择

大部分金属切削机床是混合特殊性负载的典型实例。

（1）混合特殊性负载及其特性　金属切削机床中的低速段，由于工件的最大加工半径

和允许的最大切削力相同，故具有恒转矩性质；而在高速段，由于受到机械强度的限制，将保持切削功率不变，属于恒功率性质。以某龙门刨床为例，其切削速度小于 25m/min 时，为恒转矩特性区；切削速度大于 25m/min 时，为恒功率特性区。其机械特性如图 3-9a 所示，其功率特性如图 3-9b 所示。

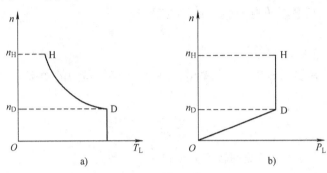

图 3-9　混合负载的机械特性和功率特性
a）机械特性　b）功率特性

（2）变频器的选择　金属切削机床除了在切削加工毛坯时，负载大小有较大变化外，其他切削加工过程中，负载的变化通常是很小的。就切削精度而言，选择 U/f 控制方式能够满足要求，但从节能角度来看，并不十分理想。

矢量控制变频器在无反馈矢量控制方式下，已经能够在 0.5Hz 时稳定运行，完全可以满足要求，而且无反馈矢量控制方式能够克服 U/f 控制方式的缺点。

当机床对加工精度有特殊要求时，才考虑采用反馈矢量控制方式。

目前，国内外已有众多生产厂家定性生产多个系列的变频器，使用时应根据实际需要选择满足使用要求的变频器。具体选取原则如下：

1）对于希望具有恒转矩特性，但在转速精度及动态性能方面要求不高的负载，可以选用无矢量控制方式的变频器。

2）对于低速时要求有较硬的机械特性，并要求有一定的调速精度，在动态性能方面无较高要求的负载，可选用不带速度反馈的矢量控制方式的变频器。

3）对于某些对调速精度及动态性能方面都有较高要求，以及要求高精度同步运行的负载，可以选用带速度反馈的矢量控制方式的变频器。

4）对于风机和泵类负载，由于低速时转矩较小，对过载能力和转速精度要求较低，所以可选用廉价的变频器。

在选用变频器时，除了考虑以上技术等因素外，还应综合考虑产品的质量、价格和售后服务等因素。

五、变频器型式的选择

1）按照变频器内部直流电源的性质分为电流型和电压型两种变频器。电流型变频器属于 120°导电型，适用于频繁急加减速的大功率电动机的传动控制，并且主电路不需要附加任何设备就可实现电动机的再生发电制动；电压型变频器属于 180°导电型，适用于多台电动机并联运行的传动控制，但需要在电源侧附加反并联逆变器，才可实现电动机的再生发电制动。

2）按照变频器安装形式不同可分为四种，可根据受控电动机功率及现场安装条件选用合适的类型。一种是固定式（壁挂式），功率多在 37kW 以下；第二种是书本型，功率从 0.2 ~ 37kW，占用空间相对较小，安装时可紧密排列；第三种是装机/装柜型，功率为 45 ~ 200kW，需要附加电路及整体固定壳体，体积较为庞大，占用空间相对较大；第四种为柜型，控制功率为 45 ~ 1500kW，除具备装机/装柜型特点外，占用空间更大。

3）从变频器的电压等级来看，有单相 AC230V，也有三相 AC208 ~ 230V、380 ~ 460V、500 ~ 575V、660 ~ 690V 等级，应根据电动机的额定电压选择。

4）变频器的防护型式常见有 IP10、IP20、IP30、IP40 等级，分别能防止 $\phi50mm$，$\phi12mm$，$\phi2.5mm$，$\phi1mm$ 固体物进入。根据变频器使用不同场所选择相应的防护等级，以防止鼠害、异物等进入。

5）从调速范围及精度而言，变频器 FC（频率控制），调速范围为 1:25；VC（矢量控制），调速范围为 1:100 ~ 1:1000；SC（伺服控制），调速范围为 1:4000 ~ 1:1000；一般选用 FC 方式可满足生产要求。

6）从变频器的最高输出频率来看，有 50Hz/60Hz、120Hz、240Hz 或更高，应根据电动机的调速最大值进行选择。

变频器选型时，应兼顾上述各点要求，根据负载特性和生产现场的情况正确选择合适的型式。

第二节　变频器容量的计算

变频器的容量一般用额定输出电流（A）、输出容量（kV·A）、适用电动机功率（kW）来表示。其中，额定输出电流是指变频器可以连续输出的最大交流电流的有效值；输出容量取决于额定输出电流与额定输出电压乘积的三相视在输出功率；适用电动机功率是以 2、4 极的标准电动机为对象，表示在额定输出电流以内可以驱动的电动机功率。同时应注意的是：6 极及以上的电动机和变极电动机等特殊电动机的额定电流比标准电动机大，不能根据适用电动机的功率选择变频器的容量。因此，用标准 2、4 极电动机拖动的连续恒定负载，变频器的容量可以根据适用电动机的功率选择；对于用 6 极及以上的电动机和变极电动机拖动的负载、变动负载、断续负载和短路负载，变频器的容量应按运行过程中可能出现的最大工作电流来选择。

总之，变频器容量的选择原则是：变频器的额定容量所适用的电动机功率不小于实际使用的电动机的额定功率；变频器的额定输出电流不小于电动机的额定电流；变频器的额定输出电压不小于电动机的额定电压。

采用变频器驱动异步电动机调速时，在异步电动机确定后，通常首先应根据异步电动机的额定电流来选择变频器，或者根据异步电动机实际运行中的最大电流值来选择变频器；然后再校验额定功率和额定电压是否满足运行条件。

一、连续运行时变频器容量的选定

由于变频器供给异步电动机的电流是脉动电流，其脉动电流值比工频供电时的电流要大。因此，必须将变频器的容量留有适当的余量。此时所选变频器必须同时满足以下三个条件，即

$$\left.\begin{aligned} P_{CN} &\geqslant \frac{kP_M}{\eta\cos\varphi} \\ I_{CN} &\geqslant kI_M \\ P_{CN} &\geqslant k\sqrt{3}U_M I_M \times 10^{-3} \end{aligned}\right\} \tag{3-12}$$

式中 P_{CN}——变频器的额定容量（kV·A）；

k——电流波形的修正系数（PWM 方式时，取 1.05 ~ 1.0）；

P_M——负载所要求的电动机的轴输出功率；

η——电动机的效率（通常约为 0.85）；

$\cos\varphi$——电动机的功率因数（通常为 0.75）；

I_{CN}——变频器的额定电流（A）；

I_M——电动机电流（A），是工频电源时的电流；

U_M——电动机电压（V）。

还可以用估算法，通常取变频器的额定输出电流 $I_{CN} \geqslant$（1.05 ~ 1.1）倍的电动机的额定电流 I_N（铭牌值）或电动机实际运行中的最大电流 I_M，即

$$I_{CN} \geqslant (1.05 ~ 1.1)I_N$$

或

$$I_{CN} \geqslant (1.05 ~ 1.1)I_{max}$$

如按电动机实际运行中的最大电流来选择变频器，变频器的容量可以适当缩小。

二、加减速时变频器容量的选定

变频器的最大输出转矩是由变频器的最大输出电流决定的。一般情况下，对于短时间的加减速而言，变频器允许达到额定输出电流的 130% ~ 150%（视变频器容量而不同），这一参数通常在各型号变频器产品参数表的"过载容量"或"过载能力"一栏中给出。因此，在短时加减速时的输出转矩也可以增大；反之，如只需要较小的加减速转矩时，也可以降低变频器的容量。由于电流的脉动原因，此时应将要求的变频器过载电流提高 10% 后再进行选定，即将要求变频器容量提高一级。

三、频繁加减速运转时变频器容量的选定

如果电动机频繁加减速运行时的特性曲线如图 3-10 所示。此时，可根据加速、恒速、减速等各种运行状态下的电流值进行选定，即

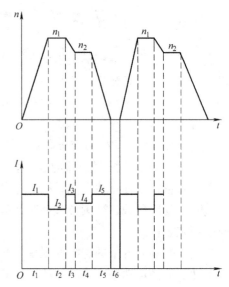

图 3-10 频繁加减速运转时的运行曲线

$$I_{CN} = k_0 \frac{I_1 t_1 + I_2 t_2 + \cdots + I_N t_N}{t_1 + t_2 + \cdots + t_N} \tag{3-13}$$

式中 I_{CN}——变频器额定输出电流（A）；

k_0——安全系数（运行频繁时 $k_0 = 1.2$，其他时间为 1.1）；

I_1、I_2、I_3、$\cdots$、I_N——各运行状态下的平均电流（A）；

t_1、t_2、t_3、$\cdots$、t_N——各运行状态下的时间（s）。

四、电动机电流变化不规则的场合所需变频器容量的选定

在工作过程中，若电动机电流变化不规则，则此时不易获得所需要的运行特性曲线，这时可以根据使电动机在输出最大转矩时的电流限制在变频器的额定输出电流内的原则，来选择变频器容量。

五、电动机直接起动时所需变频器容量的选定

通常三相异步电动机直接用工频起动时，起动电流为其额定电流的 4 ~ 7 倍，对于电动机功率小于 10kW 的电动机直接起动时，可按下式选取变频器的额定输出电流，即

$$I_{CN} \geqslant \frac{I_K}{K_g} \tag{3-14}$$

式中 I_{CN}——变频器额定输出电流（A）；

   I_K——在额定电压、额定频率下电动机起动时的堵转电流（A）；

   K_g——变频器的允许过载倍数（1.3 ~ 1.5）。

六、大惯性负载起动时变频器容量的选定

根据负载的种类和特性不同，不少场合往往需要过载容量较大的变频器。但是，通用变频器的过载容量通常为 125%、60s 或 150%、60s，过载容量超过规定数值时，必须增大变频器的容量。例如，对于 150%、60s 的变频器要求过载容量。在这类情况下，一般按下式计算变频器的容量，即

$$P_{CN} \geqslant \frac{k n_M}{9550 \eta \cos\varphi} \left(T_L + \frac{GD^2 n_M}{375 \, t_A} \right) \tag{3-15}$$

式中 P_{CN}——变频器容量（kV·A）；

   n_M——电动机额定转速（r/min）；

   k——电流波形的修正系数（PWM 方式时取 1.05 ~ 1.1）；

   η——电动机效率（通常约为 0.85）；

   $\cos\varphi$——电动机功率因数（通常约为 0.75）；

   T_L——负载转矩（N·m）；

   GD^2——换算到电动机轴上的总飞轮转矩（N·m²）；

   t_A——电动机加速时间（s）。

七、一台变频器拖动多台电动机并联运行时变频器容量的选定

当用一台变频器拖动多台电动机并联运行时，必须考虑以下几点：

1）根据各电动机的电流总和来选择变频器。

2）在整定软起动、软停止时，一定要按起动最慢的那台电动机进行整定。

当变频器短时过载能力为 150%，1min 时，若电动机加速时间在 1min 以内，则有

$$1.5 P_{CN} \geqslant \frac{k P_M}{\eta \cos\varphi} [n_T + n_S(K_S - 1)] = P_{CN}\left[1 + \frac{n_S}{n_T}(K_S - 1)\right]$$

即 $$P_{CN} \geqslant \frac{2}{3} \frac{k P_M}{\eta \cos\varphi}[n_T + n_S(K_S - 1)] = \frac{2}{3} P_{CN}\left[1 + \frac{n_S}{n_T}(K_S - 1)\right] \tag{3-16}$$

$$I_{CN} \geqslant \frac{2}{3} n_T I_M \left[1 + \frac{n_S}{n_T}(K_S - 1)\right] \tag{3-17}$$

当电动机加速时间在 1min 以上时，则有

$$P_{CN} \geq \frac{kP_M}{\eta\cos\varphi}(n_T + n_S(K_S - 1)) = P_{CN}\left[1 + \frac{n_S}{n_T}(K_S - 1)\right] \qquad (3-18)$$

$$I_{CN} \geq n_T I_M\left[1 + \frac{n_S}{n_T}(K_S - 1)\right] \qquad (3-19)$$

式中 P_{CN}——变频器容量（kV·A）；

     P_M——负载所要求的电动机的轴输出功率；

     k——电流波形的修正系数（PWM 方式时取 1.05～1.1）；

     η——电动机效率（通常约为 0.85）；

   $\cos\varphi$——电动机功率因数（通常约为 0.75）；

     n_T——并联电动机的台数；

     n_S——电动机同时起动的台数；

     K_S——电动机起动电流与额定电流的比值；

     I_M——电动机额定电流（A）；

     I_{CN}——变频器额定电流（A）。

当变频器驱动多台电动机，但是其中有一台电动机可能随机挂接到变频器，或随时退出运行时，变频器的额定输出电流可按下式计算，即

$$I_{CN1} \geq k\sum_{i=1}^{J} I_{MN} + 0.9 I_{MQ} \qquad (3-20)$$

式中 I_{CN1}——变频器额定输出电流（A）；

     k——安全系数，一般取 1.05～1.1；

     J——余下的电动机台数；

    I_{MN}——电动机额定输入电流（A）；

    I_{MQ}——最大一台电动机的起动电流。

八、多台电动机并联起动且部分直接起动时变频器容量的选定

当多台电动机并联起动且部分直接起动时，所有电动机由变频器供电，且同时起动，但是一部分功率较小的电动机（一般小于 7.5kW）直接起动，功率较大的则使用变频器功能实行软起动。此时，变频器的额定输出电流按下式进行计算，即

$$I_{CN} \geq [N_2 I_k + (N_1 - N_2)I_n]/K_g \qquad (3-21)$$

式中 I_{CN}——变频器额定输出电流（A）；

     N_1——电动机总台数；

     N_2——直接起动的电动机台数；

     I_k——电动机直接起动时的堵转电流（A）；

     I_n——电动机额定电流（A）；

     K_g——变频器的允许过载倍数（1.3～1.5）。

九、并联运行中追加投入起动时变频器容量的选定

当用一台变频器带动多台电动机并联运转时，如果所有电动机同时起动并且加速，可以按照上述第七种情况进行变频器容量的选择。但是对于一部分电动机已经起动后，再追加投入其他电动机直接起动的场合，此时变频器的电压、频率已经上升，追加投入的电动机将产生较大的起动电流。所以，变频器容量与同时起动时相比，可能更大些，变频器额定输出电

流可按下式计算，即

$$I_{CN} \geqslant \sum_{i=1}^{N_1} kI_{Hn} + \sum_{i=1}^{N_2} kI_{Sn} \tag{3-22}$$

式中　I_{CN}——变频器额定输出电流（A）；

　　　N_1——先起动的电动机台数；

　　　N_2——追加投入起动的电动机台数；

　　　I_{Hn}——先起动的电动机的额定电流（A）；

　　　I_{Sn}——追加投入电动机的起动电流（A）；

　　　k——修正系数，$k = 1.05 \sim 1.10$。

十、与离心泵配合使用时变频器容量的选定

当变频器控制离心泵的运行时，变频器的容量可按下式计算确定，即

$$P_{CN} = K_1(P_1 - K_2 Q \Delta p) \tag{3-23}$$

式中　P_{CN}——变频器计算容量；

　　　K_2——考虑电动机和泵调速后，效率变化系数，一般取 1.1 ~ 1.2；

　　　P_1——节流运行时电动机的实测功率（kW）；

　　　K_2——换算系数，$K_2 = 0.278$；

　　　Q——泵的实测流量，（m³/h）；

　　　Δp——泵出口压力与干线压力之差（MPa）。

或者　　　　　　　　　$$P_{CN} = K_1 P_1(1 - \Delta p/p) \tag{3-24}$$

式中　P_{CN}——变频器计算容量；

　　　K_1——考虑电动机和泵调速后，效率变化系数，一般取 1.1 ~ 1.2；

　　　P_1——节流运行时电动机的实测功率（kW）；

　　　Δp——泵出口压力与干线压力之差（MPa）；

　　　p——泵出口压力（MPa）。

按上述公式计算出变频器容量后，若计算值在变频器两容量之间时，应选择大一级容量值，以确保变频器的安全运行。

十一、轻载电动机时变频器容量的选定

电动机的实际负载比电动机的额定输出功率小时，可选择与实际负载相称的变频器容量。但是对于通用变频器，即使实际负载小，如果选择的变频器容量比按电动机额定功率选择的变频器容量小，其效果并不理想。理由如下：

1）电动机在空载时也流过额定电流 30% ~ 50% 的励磁电流。

2）起动时流过的起动电流与电动机施加的电压、频率相对应，而与负载转矩无关。若变频器容量小，此电流超过过电流容量，则往往不能起动。

3）若电动机功率大，则以变频器容量为基准的电动机漏抗百分比变小，变频器输出电流的脉动增大，因此过电流保护装置容易动作，电动机往往不能运转。

4）电动机用通用变频器起动时，其起动转矩同用工频电源起动相比较多数变小，根据负载的起动特性，有时不能起动。另外，在低速运转区的转矩有比额定转矩减小的倾向，用选定的变频器和电动机不能满足轻载所要求的起动转矩和低速区转矩时，要求所选择的变频器的容量和电动机的功率还需要再加大。

第三节 变频器选择的注意事项

一、起动转矩与低速区转矩

电动机使用通用变频器起动时，其起动电流同用工频电源起动时相比较，多数变小，根据负载的起动转矩特性，有时不能起动。另外，在低速运转区的转矩通常比额定转矩小。用选定的变频器和电动机不能满足负载所要求的起动转矩和低速转矩时，变频器的容量和电动机的功率还需要再加大。例如，在某一速度下，需要最初选定变频器和电动机的额定转矩的70%时，如果由输出转矩特性曲线知道只能得到50%的转矩，则变频器的容量和电动机的功率要重新选择，为最初选定值的1.4（70/50）倍以上。

二、变频器的输出电压

变频器输出电压可按电动机额定电压选定。按国家标准，可分成220V系列和400V系列两种。对于3kV的高电压电动机使用400V级的变频器，可在变频器的输入侧装设输入变压器，在变频器的输出侧装设输出变压器。将3kV先降为400V后，供给变频器使用，再将变频器输出电压升高到3kV供给电动机。

电网电压处于不正常时，将有害于变频器的运行。电压过高，如对380V的线电压如上升到450V就会造成损坏，因此电网电压超过使用手册规定范围的场合，要使用变压器调整，以确保变频器的安全。

三、变频器的输出频率

变频器的最高输出频率根据机种的不同有很大的不同，有50Hz/60Hz、120Hz、240Hz或更高。50Hz/60Hz通常在额定速度以下范围进行调速运转，大容量的通用变频器大多数为这类。最高输出频率超过工频的变频器多数为小容量变频器，在50Hz/60Hz以上区域，由于输出电压不变，为恒功率特性。要注意变频器在高速区转矩的减小，但是车床等机床可以根据工作的直径和材料改变速度，在恒功率的范围内使用，在轻载时采用高速可以提高生产率。但是，要注意不要超过电动机和负载的允许最高速度。

综合以上各点，可根据变频器的使用目的所确定的最高输出频率频器。

四、变频器的保护结构

变频器内部产生大量热量，为提高散热的经济性，除小容量变频器外都是开启式结构，采用风扇进行强制冷却。变频器设置场所在室外或周围环境恶劣时，最好把变频器安装在独立的板盘上，采用具有冷却热交换装置的全封闭式结构。

对于小容量的变频器，在油雾、粉尘多的环境或者棉绒多的纺织厂也可以采用全封闭式结构。

五、从电网到变频器的切换

把在工频电网运转中的电动机切换到变频器运转时，必须等待电动机完全停止以后，再切换到变频器侧重新起动。否则，不可避免地产生过大的冲击电流和冲击转矩，导致供电系统跳闸和损坏设备。但是，有些设备从电网切换到变频器时不允许完全停止。对于这些设备，必须选择备有相应控制装置（为选用件）的机型的变频器，使电动机未停止就能切换到变频器侧，即切离电网后，变频器与自由运转的电动机同步后，变频器再输出功率。

六、瞬时停电再起动

发生瞬时停电时，使变频器停止工作，但是恢复通电后变频器不能马上再开始工作，必须等待电动机完全停止后，再重新起动。这是因为变频器再开机时电动机的频率如不合适，会产生过电压、过电流保护装置动作，造成故障而停止。但是对于生产流水线等，由于设备上的关系，有时因瞬间停电而使变频器控制的电动机停止工作，则会影响正常生产。这时必须选择在电动机瞬间停电中，具有自行开始工作的控制装置的变频器。所以选择变频器时，应当确认其具有相应的控制装置，以使变频器实现瞬停再起动功能（在自由运转中瞬时停电后再起动，中间不必停转）。

七、变频器容量选择的注意事项

1）变频器容量值与电动机功率值相当时最合适，以利变频器高效率运转。

2）在变频器的容量分级与电动机功率分级不相同时，变频器的容量要尽可能接近电动机的功率，但应略大于电动机的功率。

3）当电动机属频繁起动、制动工作或处于重载起动且较频繁工作时，可选取大一级的变频器，以利于变频器长期、安全地运行。

4）经测试，电动机实际功率确实有富余，可以考虑选用容量小于电动机功率的变频器，但要注意瞬时峰值电流是否会造成过电流保护装置动作。

5）当变频器容量与电动机功率不同时，则必须相应调整节能程序的设置，以利达到较高的节能效果。

6）变频器的额定容量及参数是针对特定海拔和环境温度而标出的，一般是指海拔1000m以下，温度在40℃或25℃以下，若使用环境温度超出该规定，在根据变频器参数确定型号前要考虑由此造成的降容因素。环境温度长期较高，安装在通风冷却不良的机柜内时，会造成变频器使用寿命缩短。电子元器件，特别是电解电容等，在高于额定温度后，每升高10℃使用寿命会下降1/2，因此环境温度应保持较低，除设置完善的通风冷却系统以保证变频器正常运行外，在选用上增大一个容量等级，以使额定运行时温升有所下降是完全必要的。高海拔地区因空气密度降低，散热器不能达到额定散热器效果，一般在1000m以上，每增加100m容量下降10%，必要时可加大容量等级，以免变频器过热。

7）当电动机有瞬停再起动要求时，要确认所选变频器具有此项功能。因为变频器停电而停止运行，当瞬间突然来电再开起时，电动机的频率如不适当，会引起过电压、过电流保护装置动作，造成故障停机。

8）当有传感器配合变频器调速控制时，应注意传感器输出的信号类型和信号量大小是否与变频器使用的调速信号相一致。

第四节　变频器外围设备的选择

变频器的外围设备是用来构成更好的调速系统或节能系统，选用外围设备通常是为了提高系统的安全性和可靠性，进而提高变频器的某种性能；而增加对变频器和电动机的保护功能，可有效减少变频器对其他设备的影响。

变频器的外围设备主要有：输入变压器、空气断路器、交流接触器、交流电抗器、滤波器、直流电抗器、制动电阻等。例如，变频器外围设备和任选件连接框图如图3-11所示。

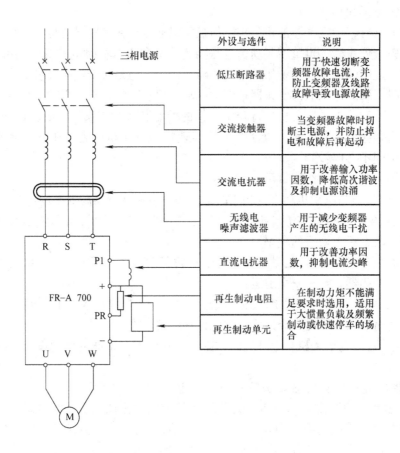

外设与选件	说明
低压断路器	用于快速切断变频器故障电流，并防止变频器及线路故障导致电源故障
交流接触器	当变频器故障时切断主电源，并防止掉电和故障后再起动
交流电抗器	用于改善输入功率因数，降低高次谐波及抑制电源浪涌
无线电噪声滤波器	用于减少变频器产生的无线电干扰
直流电抗器	用于改善功率因数，抑制电流尖峰
再生制动电阻	在制动力矩不能满足要求时选用，适用于大惯量负载及频繁制动或快速停车的场合
再生制动单元	

图 3-11 变频器外围设备和任选件连接框图

注：标有"＊"为任选件。

一、输入变压器

电源输入变压器用于将高压电源变换到通用变频器所需的电压等级，如 220V 或者 400V 等。由于变频器的输入电流含有一定量的高次谐波，使电源侧的功率因数降低，同时考虑到变压器的运行效率，则变压器的容量常按下式计算，即

$$变压器的容量 = \frac{变压器的输出功率}{变频器输入功率因数 \times 变频器效率} \qquad (3-25)$$

其中，变频器输入功率因数在有输入交流电抗器时取 0.8 ~ 0.85，无输入电抗器时取 0.6 ~ 0.8，变频器效率可取 0.95，变频器的输出功率为所接功率。

二、低压断路器

1. 低压断路器的主要作用

低压断路器简称断路器。它集多种保护功能于一体，在正常情况下可用于不频繁地接通和断开电路以及控制变频器的运行。当变频器电路中发生短路、过电流（过载）、失电压（欠电压）等故障时，能够自动切断故障电路，保护供电线路和变频器等电气设备。

2. 低压断路器的选择原则

由于以下原因：

1）变频器在刚接通电源的瞬间，对电容器的充电电流可高达额定电流的 2 ~ 3 倍。

2）变频器的进线电流是脉动电流，其最大值可能超过额定电流。

3）变频器允许的过载能力一般为 150% ，1min。

4）低压断路器失电压保护的额定电压应等于供电线路的额定电压。

所以为了避免误动作，低压断路器的额定电流 I_{QN} 应选为变频器额定电流 I_N 的（1.3 ~ 1.4）倍，即 $I_{QN} \geq (1.3 \sim 1.4) I_N$；低压断路器的额定电压应等于供电线路的额定电压。

三、交流接触器

1. 交流接触器的主要作用

交流接触器是一种自动的电磁式开关，它能通过按钮接通和断开交流接触器的线圈电路，从而控制交流接触器的接通和断开，达到控制变频器的通电和断电目的。当变频器出现故障时，自动切断主电源，并且能防止掉电和故障后再重新起动。

2. 交流接触器的选择原则

交流接触器主触头的额定电流、额定电压应大于或者等于变频器的额定电流、额定电压。交流接触器线圈的额定电压等于控制电路的额定电压。

四、电抗器

选择适当的电抗器与变频器配套使用，不仅可以抑制谐波电流，降低变频器系统所产生的谐波总量，提高变频器的功率因数，而且可以抑制来自电网的浪涌电流对变频器的冲击，保护变频器，降低电动机噪声，保证变频器和电动机的可靠运行。

与变频器配套使用的电抗器共有三种类型：进线电抗器、直流电抗器和输出电抗器。

1. 进线电抗器

进线电抗器连接在电源与变频器之间。其主要功能是不仅能限制电网电压的突变和操作过电压所引起的冲击电流，有效保护变频器，而且能改善三相电源的不平衡性，提高输入电源的功率因数，抑制变频器输入电网的谐波电流。

建议在以下几种情况下安装交流电抗器：

1）变频器所用之处的电源容量与变频器容量之比为 10∶1 以上。

2）电源变压器容量为 500kV·A 以上，且变频器安装位置与大容量变压器距离在 10m 以内。

3）在同一电源上接有晶闸管交流器共同使用，或者进线电源端接有通过开关切换以调整功率因数的电容器装置。

4）需要改善变频器输入侧的功率因数，使用交流电抗器后功率因数提高到 0.75 ~ 0.85。

5）三相电源电压不平衡率 $K \geq 3\%$ ，K 值按下式计算，即

$$K = \frac{最大一相电压 - 最小一相电压}{三相平均电压} \times 100\% \tag{3-26}$$

2. 直流电抗器

直流电抗器连接在变频器的整流环节与逆变环节之间。在变频器整流电路后接入直流电抗器，可以有效地改善变频器的功率因数，其功率因数最高可以提高到 0.95；同时，它还能限制逆变侧短路电流，使逆变系统运行更加稳定。由于直流电抗器具有以上优点，不少变频器生产厂家已将直流电抗器直接设置在变频器内部，但也有部分变频器内部没有安装直流

电抗器，需要根据变频器的容量和电动机的功率选择合适的直流电抗器，此电抗器可与交流电抗器同时使用，一般变频器功率大于30kW时才考虑配置。

3. 输出电抗器

输出电抗器又叫做输出侧抗干扰滤波器，连接在变频器输出端与电动机之间。其主要功能是不仅能抑制变频器产生的高频干扰波影响电源侧，而且还能抑制变频器的发射干扰和感应干扰，抑制电动机电压的振动，消除电动机的噪声；同时，还能补偿连接电动机长导线的电容性充电电流，从而使电动机在引线较长时也能正常工作。

五、制动电阻

在变频器停止和降速时，由于电动机自身的惯性，电动机会处于再生发电制动状态，产生的再生电能回馈给直流回路，消耗在内置制动电阻上，如果减速时间设定较短，造成直流母线电压升高过快，能量来不及消耗掉，可能超过电容的耐压或开关元件的允许电压，会造成变频器损坏。因此，生产厂家为不同规格的变频器配备外接制动电阻或制动单元。用户在使用变频器时将制动电阻或制动单元连接在直流母线两端，以便在直流母线电压升高到一定时通过制动电阻或制动单元消耗掉多余的电能，保护变频器。

对于7.5kV·A以下小容量通用变频器，一般在其制动单元中自身带有制动电阻，能满足制动过程中的能耗要求；而对于7.5kV·A以上的大容量通用变频器，其制动电阻通常由用户根据负载的性质和大小、负载周期等因素进行计算，选择合适的制动电阻。制动电阻的阻值大小将决定制动电流的大小，制动电阻的功率将影响制动的速度。制动电阻的功率均是按短时工作制进行标定的，选择时应充分考虑各种工况下制动能量的需求，并根据最大制动功率确定制动电阻的阻值。

1. 制动电阻值的确定

（1）准确算法

1）计算制动转矩 T_B。拖动系统的制动过程实质是电动机的制动转矩克服维持原来转速的系统量（具体反映是飞轮转矩 GD^2），在所要求的速降时间 t_B 内，使转动系统从转速 n_1 迅速地降至 n_2 的过程。制动转矩（T_B）按下式计算，即

$$T_B = \frac{(GD_M^2 + GD_L^2)(n_1 - n_2)}{375t_B} - T_L \tag{3-27}$$

式中　GD_M^2——电动机的飞轮力矩（N·m²）；

GD_L^2——负载折算到电动机轴上的飞轮力矩（N·m²）；

T_L——负载折算到电动机轴上的力矩（N·m²）；

n_1——降速前的转速（r/min）；

n_2——降速后的转速（r/min）；

t_B——所要求的降速时间（s）。

2）计算附加制动转矩 T_{BA}。在外接制动电阻进行制动时，其制动电阻消耗电动机再生电能的80%，而其余20%的电动机再生电能则以热耗散的形式被消耗掉。所以电动机本身通过热耗散的形式消耗掉的有功损耗也相当于产生了制动转矩 T_{B0}，其大小约为电动机额定转矩的20%。所以在计算制动转矩时，实际需要计算的是：除电动机自身的制动转矩 T_{B0} 外，需要附加的制动转矩为

$$T_{\mathrm{BA}} = T_{\mathrm{B0}} - 0.2T_{\mathrm{MN}} \tag{3-28}$$

若拖动系统所要求的制动转矩小于电动机自身的制动转矩，则制动转矩 T_{BA} 为零，就没有必要配用制动电阻和制动单元。

3）准确计算制动电阻值 R_{B}。由附加制动转矩准确计算出制动电阻值，其计算公式为

$$R_{\mathrm{B}} = \frac{U_{\mathrm{CD}}^2}{0.1047T_{\mathrm{BA}}n_1} \tag{3-29}$$

式中　R_{B}——变频器所需制动电阻（Ω）；

U_{CD}——变频器内部直流回路电压（V）。

在我国，对于额定电压为 380V 的通用变频器，其直流回路的电压 U_{CD} 可以按下式计算，即

$$U_{\mathrm{CD}} = 380\mathrm{V} \times \sqrt{2} \times 1.1 = 591\mathrm{V} \approx 600\mathrm{V}$$

同理，对于额定电压为 220V 的通用变频器，其直流回路的为 380V。

（2）粗略算法　上述算法虽然比较准确，但是由于电动机和负载的飞轮转矩的数据常常难以得到，在实际进行计算时常常会感到很困难，所以有时也用粗略算法电阻值。

考虑到再生电流经三相全波整流后的平均值约等于其最大值，而所需附加制动转矩（指电动机需要附加的制动转矩）中可以扣除电动机本身的制动转矩（指电动机本身通过热耗散的形式消耗掉的有功损耗，也相当于产生了制动转矩，其大小约为电动机额定转矩 T_{MN} 的 20%），以及在计算直流电压时已经增加了 10% 的裕量，所以综合以上因素，可以粗略地认为：如果通过制动电阻的放电电流等于电动机的额定电流，所需的附加制动转矩基本得到满足。有关资料表明：当放电电流等于电动机额定电流 I_{MN} 的 1/2 时，就可以得到与电动机的额定转矩相等的制动转矩。所以，制动电阻的粗略算法为

$$R_{\mathrm{B}} = (0.5 \sim 1) \frac{u_{\mathrm{CD}}}{I_{\mathrm{MN1}}} \tag{3-30}$$

在实际应用中，可以根据具体情况适当调整制动电阻的大小。

2. 制动电阻容量的确定

（1）制动电阻的耗用功率 P_{B0}　当制动电阻 R_{B} 在直流电压 U_{CD} 的电路中工作时，其耗用功率为

$$P_{\mathrm{B0}} = \frac{U_{\mathrm{CD}}^2}{R_{\mathrm{B}}} \tag{3-31}$$

耗用功率 P_{B0} 的含义是：若制动电阻的容量按此选择，则该电阻可以长时间接入在电路中工作。

（2）制动电阻容量 P_{B} 的确定　由于拖动系统的制动时间通常是很短的，在短时间内，电阻的温度不足以达到稳定温升，所以决定制动电阻容量的根本原则是，在电阻的温升不超过其允许值（即额定温升）的前提下，应尽量减小容量，制动电阻容量可以按下式计算，即

$$P_{\mathrm{B}} = \frac{P_{\mathrm{B0}}}{\gamma_{\mathrm{B}}} = \frac{U_{\mathrm{CD}}^2}{\gamma_{\mathrm{B}}R_{\mathrm{B}}} \tag{3-32}$$

式中　γ_{B}——制动电阻容量的修正系数。

（3）制动电阻容量修正系数的确定

1）不反复制动的场合：指制动的次数较少，一次制动以后，在较长时间内不再制动的场合，如鼓风机等负载。对于这类负载，修正系数的大小取决于每次制动所需要的时间。

① 若每次制动时间小于10s，则可取 $\gamma_B = 7$。

② 若每次制动时间超过100s，则可取 $\gamma_B = 1$。

③ 若每次制动时间介于两者之间，即 $10s \leqslant \gamma_B \leqslant 100s$，则 γ_B 大致上可以依照图3-12a按比例算出。

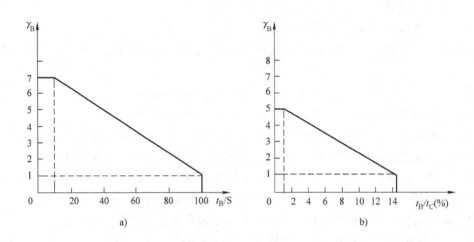

图3-12　制动电阻的容量修正系数

a）不反复制动　b）反复制动

2）反复制动的场合：在实际生产当中，许多生产机械是需要反复制动的，如龙门刨床、起重机械等负载。对于这类负载，修正系数的大小取决于每次制动时间 t_B 与每两次制动之间的时间间隔 t_C 之比（t_B/t_C），此比值通常称为制动占空比。而在实际工作当中，由于制动占空比又常常不是恒定的，所以只能取一个平均值。决定 γ_B 的大致方法如下：

当 $t_B/t_C \leqslant 0.01$ 时，则可取 $\gamma_B = 5$。

当 $t_B/t_C \geqslant 0.15$ 时，则可取 $\gamma_B = 1$。

当 $0.01 < t_B/t_C < 0.15$ 时，则 γ_B 大致上可以依照图3-12b按比例算出。

六、滤波器

变频器在工作过程中自身会产生高次谐波干扰信号，利用滤波器可以抑制高次谐波干扰信号的传播，使高次谐波干扰信号对电源、电动机及附近的通信设备影响降至最低。在使用时建议选用变频器专用抗干扰滤波器。

第五节　电动机的选择

在变频调速系统中，根据生产机械特性和安装现场的具体要求，拖动生产机械的电动机是系统安全、经济、可靠和合理运行的重要保证。衡量电动机的选择合理与否，要看选择电动机时是否遵循了以下基本原则：

第一，电动机能够完全满足生产机械在机械特性方面的要求，如所需要的工作速度、调速指标、加速度以及起动、制动时间等。

第二，电动机在工作过程中，其功率能被充分利用，即温升应达准规定的数值。

第三，电动机的结构形式应适应周围环境的条件。如防止外界灰尘、水滴等物质进入电动机内部；防止绕组绝缘受到有害气体的侵蚀；在有爆炸危险的环境中应把电动机的导电部位和有火花的部位封闭起来，不使它们影响外部等。

遵循以上基本原则，不仅要根据用途和使用状况合理选择电动机的结构形式、安装方式和连接方式，还要根据温升情况和使用环境选择合适的通风方式和防护等级等，而且更重要是根据驱动负载所需功率选择电动机的功率。同时，还必须考虑变频器性能对电动机输出功率的影响。其中最主要的是电动机额定功率的选择。

一、电动机类型的选择

选择电动机种类时，在考虑电动机性能必须满足生产机械的要求下，优先选用结构简单、价格便宜、运行可靠、维修方便的电动机。在这方面，交流电动机优于直流电动机，笼型电动机优先于绕线转子电动机，异步电动机优于同步电动机。

（1）三相笼型异步电动机 三相笼型异步电动机的电源采用的是应用最普遍的动力电源——三相交流电源。这种电动机的优点是结构简单、价格便宜、运行可靠、维修方便。它的缺点是起动和调速性能差。因此，在不要求调速和起动性能要求不高的场合，如各种机床、水泵、通风机等生产机械上应优先选用三相笼型异步电动机；对要求大起动转矩的生产机械，如某些纺织机械、空气压缩机、带式传送机等，可选用具有高起动转矩的三相笼型异步电动机，如斜槽式、深槽式或双笼式异步电动机等；对需要有级调速的生产机械，如某些机床和电梯等，可选用多速笼型异步电动机。目前，随着变频调速技术发展，三相笼型异步电动机越来越多地应用在要求无级调速的生产机械上。

（2）三相绕线转子异步电动机 在起动、制动比较频繁，起动、制动转矩较大，而且有一定调速要求的生产机械上，如桥式起重机、矿井提升机等可以优先选用三相绕线转子异步电动机。绕线转子电动机一般采用转子串接电阻（或电抗器）的方法实现起动和调速，调速范围有限，使用晶闸管串级调速，扩展了绕线转子异步电动机的应用范围，如水泵、风机的节能调速。

（3）三相同步电动机 在要求大功率、恒转速和改善功率因数的场合，如大功率水泵、压缩机、通风机等生产机械上应选用三相同步电动机。

（4）直流电动机 由于直流电动机的起动性能好，可以实现无级平滑调速，且调速范围广、精度高，所以对于要求在大范围内平滑调速和需要准确的位置控制的生产机械，如高精度的数控机床、龙门刨床、可逆轧钢机、造纸机、矿井卷扬机等可使用他励或并励直流电动机；对于要求起动转矩大、机械特性较软的生产机械；如电车、重型起重机等则选用串励直流电动机。近年来，在大功率的生产机械上，广泛采用晶闸管励磁的直流发电机—电动机组或晶闸管—直流电动机组。

二、电动机额定功率的选择

正确合理地选择电动机的功率是很重要的。因为如果电动机的功率选得很小，电动机将过载运行，使温度超过允许值，会缩短电动机的使用寿命甚至烧坏电动机；如果选得过大，虽然能保证设备正常工作，但由于电动机不在满载下运行，其用电效率和功率因数较低，电动机的功率得不到充分利用，造成电力浪费。此外设备投资大，运行费用高，很不经济。

电动机的工作方式有以下三种：连续工作制（或长期工作制）、短期工作制和周期性断续工作制。下面分别介绍在三种工作方式下电动机额定功率的选择方法。

1. 连续工作制电动机额定功率的选择

在这种工作方式下，电动机连续工作时间很长，可使其温升达到规定的稳定值，如通风机、泵等机械的拖动运转就属于这类工作制。连续工作制电动机的负载可分为恒定负载和变化负载两类。

(1) 恒定负载下电动机额定功率的选择　在工业生产中，相当多的生产机械是在长期恒定的或变化很小的负载下运转，为这一类机械选择电动机的功率比较简单，只要电动机的额定功率等于或略大于生产机械所需要的功率即可。若负载功率为 P_L，电动机的额定功率为 P_N，则应满足下式：

$$P_N \geqslant P_L \tag{3-33}$$

电机制造厂生产的电动机，一般都是按照恒定负载连续运转设计的，并进行型式试验和出厂试验，完全可以保证电动机在额定功率工作时，电动机的温升不会超过允许值。

通常电动机的功率是按周围环境温度为40℃而稳定的。绝缘材料最高允许温度与40℃的差值称为允许温升。

应当指出的是，我国国土面积幅员辽阔，地域之间温差较大，就是在同一地区，一年四季的气温变化也比较大，因此电动机运行时周围环境的温度不可能正好是40℃，一般是小于40℃。为了充分利用电动机，可以对电动机能够应有的功率进行修正。

(2) 变化负载下电动机额定功率的选择　在变化负载下使用的电动机，一般是为恒定负载工作而设计的。因此，这种电动机在变化负载下使用时，必须进行发热校验。所谓发热校验，就是看电动机在整个运行过程中所达到的最高温升是否接近并低于允许温升，因为只有这样，电动机的绝缘材料才能充分利用而又不致过热。某周期性变化负载的生产机械负载记录曲线如图3-13所示。当电动机拖动这一生产机械工作时，因为输出功率周期性改变，故其温升也必然作周期性的波动。在工作周期不大的情况下，此波动的过程也不大。波动的最大值将最低于相应于最小负载的温升。在这种情况下，如果按最大负载选择电动机功率，电动机将又有超过允许温升的危险。因此，电动机功率可以在最大负载和最小负载之间适当选择，以使电动机的功率得到充分利用，而又不致过载。

在变化负载下长期运转的电动机功率可按以下步骤进行选择：

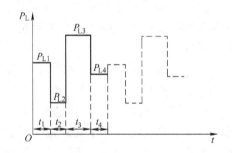

图3-13　周期性变化负载记录曲线

第一步，计算并绘制如图3-13所示生产机械的负载记录曲线。

第二步，根据下列公式求出负载的平均功率 P_{Lj}，即

$$P_{Lj} = \frac{P_{L1}t_1 + P_{L2}t_2 + \cdots + P_{Ln}t_n}{t_1 + t_2 + \cdots + t_n} = \frac{\sum\limits_{i=1}^{n} P_{Li}t_I}{\sum\limits_{i=1}^{n} t_i} \tag{3-34}$$

式中，P_{L1}、P_{L2}、$\cdots$、P_{Ln} 是各段负载的功率；t_1、t_2、$\cdots$、t_n 是各段负载工作所用时间。

第三步，按 $P_N \geqslant (1.1 \sim 1.6) P_{Lj}$ 预选电动机。若在工作过程中负载所占的比例较大

时，则系数应选得大些。

第四步，对预选电动机进行发热、过载能力及起动能力校验，合格后即可使用。

2. 短期工作制电动机额定功率的选择

在这种工作方式下，电动机的工作时间较短，在运行期间温度未升到规定的稳定值，而在停止运转期间，温度则可能降到周围环境的温度值，如吊桥、水闸、车床的夹紧装置的拖动转。

为了满足某些生产机械短期工作需要，电机生产厂家专门制造了一些具有较大过载能力的短期工作制电动机，其标准工作时间 15min、30min、60min、90min 四种。因此，若电动机的实际工作时间符合标准工作时间时，选择电动机的额定功率 P_N 只要不小于负载功率 P_L 即可，即满足 $P_N \geq P_L$。

3. 周期性断续工作制电动机额定功率的选择

这种工作方式的电动机的工作与停止交替进行。在工作期间内，温度未升到稳定值，而在停止期间，温度也来不及降到周围温度值，如很多超重设备以及某些金属切削机床的拖动运转即属此类。

电机制造厂专门设计生产的周期性断续工作制的交流电动机有 YZR 和 YZ 系列。标准负载持续率 FC（负载工作时间与整个周期之比称为负载持续率）有 15%、25%、40% 和 60% 四种，一个周期的时间规定不大于 10min。

周期性断续工作制电动机功率的选择方法和连续工作制变化负载下的功率选择相类似，在此不再叙述。但需要指出的是，当负载持续率 FC≤10% 时，按短期工作制选择；当负载持续率 FC≥70% 时，可按长期工作制选择。

4. 变频器性能对电动机输出功率的影响

通用的标准电动机用于变频调速时，由于变频器的性能会降低电动机的输出功率，最后还需要适当增大电动机的功率留做余量。主要从以下两个方面影响电动机的输出功率。

（1）变频器输出谐波的影响　通用 PWM 型变频器供给异步电动机是脉动电流，而不是正弦交流电流，此脉动电流在定子绕组中不可避免地产生高次谐波，电动机空载运行时的功率因数和效率将会更低，负载运行时的铁损也会有所增加，导致输出转矩减小。额定负载下电动机的电流增加约 8%，温升增高 20% 左右。这对于长时间工作在满载或接近满载状态下的电动机而言是不可忽视的问题，可从两方面解决：一是选用输出端配置滤波器的变频器，以减小变频器输出谐波的影响；二是适当加大电动机功率，可做增大电动机额定容量的 5% 来考虑，以防温升过高，影响电动机的使用寿命。

（2）超过额定转速的影响　目前变频器的频率变化范围一般是 0~120Hz，而我国的标准异步电动机额定工作频率为 50Hz，当负载要求的最高转速超过同步转速不多时，可适当增大电动机的功率或选择服务系数大于 1.0 的电动机，以增加电动机输出功率，保证超额转速下的输出转矩。但由于电动机轴承机械强度和发热等因素的限制，电动机最高转速不能大于同步转速的 5%~10%。

5. 确定所选通用标准电动机的额定功率

以初步预选的电动机功率为基础，再综合考虑变频器性能对电动机输出功率的影响，最后确定所选通用标准电动机的额定功率。

三、电动机额定电压的选择

电动机额定电压与现场供电电网电压等级相符。否则，若选择电动机的额定电压低于供电电源电压时，电动机将由于电流过大而被烧毁；若选择的额定电压高于供电电源电压时，电动机有可能因电压过低不能起动，或虽能起动但因电流过大而减小其使用寿命甚至被烧毁。

中小型交流电动机的额定电压一般为380V，大型交流电动机的额定电压一般为3kV，6kV等。直流电动机的额定电压一般为110V、220V、440V等，最常用的直流电压等级为220V。直流电动机一般是由车间交流供电电压经整流器整流后的直流电压供电。选择电动机的额定电压时，要与供电电网的交流电压及不同形式的整流电路相配合，当交流电压为380V时，若采用晶闸整流装置直接供电，电动机的额定电压应选用440V（配合三相桥式整流电路）或160V（配合单相整流电路），电动机采用改进的Z3型。

四、电动机额定转速的选择

电动机额定转速选择行合理与否，将直接影响到电动机的价格、能量损耗及生产机械的生产率各项技术指标和经济指标。额定功率相同的电动机，转速高的电动机的尺寸小，所用少，因而体积小，质量轻，价格低，所以选用高额定转速的电动机比较经济，但由于生产机械的工作速度一定且较低（30～900r/min），因此，电动机转速越高，传动机构的传动比越大，传动机构越复杂。所以，选择电动机的额定转速时，必须全面考虑，在电动机性能满足生产机械要求的前提下，力求电能损耗少，设备投资少，维护费用少。通常，电动机的额定转速选在750～1500r/min比较合适。

五、电动机形式的选择

电动机按其工作方式不同可分为连续工作制、短期工作制和周期性断续工作三种。原则上，电动机与生产机械的工作方式应该一致，但可选用连续工作制的电动机来代替。

电动机按其安装方式不同可分为卧式和立式两种。由于立式电动机的价格较贵，所以一般情况下应选用卧式电动机。只有当需要简化传动装置时，如深井水泵和钻床等，才使用立式电动机。

电动机按轴伸个数分为单轴和双轴两种。一般情况下，选用单轴伸电动机；特殊情况下才选双轴伸电动机，如需要一边安装测速发电机，另一边需要拖动生产机械时，则必须选用双轴伸电动机。

电动机按防护形式分为开启式、防护式、封闭式和防爆式四种。为防止周围的媒介质对电动机的损坏以及因电动机本身故障而引起的危害，电动机必须根据不同环境选择适当的防护形式。开启式电动机价格便宜，散热好，但灰尘、金属屑、水滴及油垢等容易进入其内部，影响电动机的正常工作和使用寿命，因此，只有在干燥、清洁的环境中使用；防护式电动机的通风孔在机壳的下部，通风条件较好，并能防止水滴、金属屑等杂物落入电动机内部，但不能防止潮气和灰尘侵入，因此只能用于比较干燥、灰尘不多、无腐蚀性气体和爆炸性气体的环境；封闭式电动机分为自扇冷式、他扇冷式和密闭式三种。前两种用于潮湿、尘土多、有腐蚀性气体、易引起火灾和易受风雨侵蚀的环境中，如纺织厂、水泥厂等；密闭式电动机则用于浸入水中的机械，如潜水泵电动机；防爆式电动机在易燃、易爆气体的危险环境中选用，如煤气站、油库及矿井等场所。

综合以上分析可见，选择电动机时，应从额定功率、额定电压、额定转速、种类和形式几方面综合考虑，做到既经济又合理。

第四章 变频器调速系统的设计

第一节 变频器调速系统设计的内容和要求

一、变频器调速系统设计的基本内容

变频调速系统是一种电力拖动控制系统，变频调速系统的应用设计主要涉及以下几方面的内容：

1）确定负载性质和负载范围，明确工艺过程对调速系统性能指标的要求，并根据这些要求确定拖动控制系统的结构性方案。

2）选择电动机的类型、功率等以满足负载拖动的要求。

3）选择变频器的类型、容量、型号等。

4）选择变频器运行的相关参数，给出设定值或调试建议值。

5）选择变频器的外围设备，确定外围选配件的规格、型号等。

6）设计相关的控制电路。

7）完成接线图、布置图、设备清单、设计说明和使用操作说明等电力拖动控制系统设计所要求的各项内容。

二、变频调速系统设计的要求

1. 变频调速系统设计的基本要求

一个变频调速系统的设计，需要明确生产过程的工艺对系统拖动的要求。这些要求基本上有以下几个方面：

1）工艺对调速范围的要求：负载的调速范围是其最高转速与最低转速之比，如果负载与电动机之间有变速箱之类的装置，则相应确定电动机的最高转速和最低转速。

2）负载的性质和调速范围内负载的机械特性。

3）电动机在变频调速后的机械特性：该机械特性在保证稳定运行下所具有的转矩和功率，应比对应情况下负载的转矩和功率要大一些，即电动机在调速范围内具有带载能力。

4）机械特性的硬度和转差率要求：这对于选择变频器的类型和变频调速控制方式具有重要的意义。

5）工艺对起动转矩的要求：有的负载需要有足够大的起动转矩，如起重设备的提升机构。

6）工艺对制动过程的要求：这方面主要考虑制动时间和制动方式。

7）工艺对动态响应的要求：这方面的要求主要涉及变频调速的方式和变频器的加/减

速时间与加/减速方式。

8）对过载能力的要求：电动机应具有满足负载变化情况的过载能力。变频器的过载时间比较短，仅对电动机的起动过程有意义。对于电动机驱动可能过载并且过载时间有一段长度的负载，应考虑加大所选变频器的容量。

2. 在机械特性方面的要求

（1）对调速范围的要求　任何调速装置的首要任务是必须满足负载对调速范围的要求。负载调速范围 D_L 的概念是

$$D_L = \frac{n_{Lmax}}{n_{Lmin}} \tag{4-1}$$

式中　n_{Lmax}——负载的最高转速；

　　　n_{Lmin}——负载的最低转速。

就变频器的频率调节范围而言，绝大多数都在 $1 \sim 400\text{Hz}$。实际存在的问题是：三相异步电动机在实施了变频调速后，是否在整个频率范围内部带得动负载？能不能长时间地运行？为此，在设计之前，必须对负载和电动机这两个方面的情况有比较充分的了解。具体地说是：

1）负载的机械特性。

2）电动机在变频调速后的机械特性，即有效转矩曲线。

（2）对机械特性硬度的要求　异步电动机的自然机械特性的运行部分属于"硬特性"，频率改变后，其机械特性的稳定运行部分基本上是互相平行的。因此，在大多数情况下，只需采用 U/f 控制方式，变频调速系统的机械特性就已经能够满足要求了。

但是，对于某些对精度要求较高的机械，则有必要采用矢量控制方式（无反馈方式或有反馈方式），以保证在变频调速后得到足够硬的机械特性。除此以外，某些负载根据节能的要求需配置负（低减）U/f 比功能等。

所以，负载对机械特性硬度的要求对于选择变频器的类型具有十分重要的意义。

（3）对加/减速及动态相应的要求　一般来说，现在的变频器在加、减速时间和方式方面，都有着相当完善的功能，足以满足大多数负载对加/减速过程的要求，但也有必须注意以下几方面：

1）负载对起动转矩的要求。有的负载由于静态的摩擦阻力特别大，而要求具有足够大的起动转矩，例如：印染机械及浆纱机械在穿布或穿纱过程中；又如起重机械的起升机构在开始上升时，也必须有足够大的起动转矩，以克服重物的重力转矩等。

2）负载对制动过程的要求。对于制动过程，需要考虑的问题有：

① 根据负载对制动时间的要求，考虑是否需要配用制动电阻以及配用多大的制动电阻。

② 对于可能在较长时间内，电动机处于再生制动状态的负载（如起重机）来说，还应考虑是否采用电源反馈方式。

3）负载对动态响应的要求。在大多数情况下，变频调速开环系统的动态响应能力是能够满足要求的。但是，对于某些对动态响应要求很高的负载，则应考虑采用具有转速反馈环节的矢量控制方式。

3. 运行可靠性方面的要求

（1）对于过载能力的要求　电动机在决定其功率大小时，主要考虑的是发热问题，只

要电动机的温升不超过其额定温升，短时间的过载是允许的。在长期变化负载、断续负载以及短时负载中，这种情况是常见的。必须注意的是：这里所说的短时间，是相对于电动机的发热过程而言的。对于功率较小的电动机来说，可能是几分钟，而对于功率较大的电动机，则可能是几十分钟，甚至几个小时。

变频器也有一定的过载能力，但允许的过载时间只有1min。这仅仅对电动机的起动过程才有意义，而相对于电动机允许的"短时间过载"而言，变频器实际上是没有过载能力的。对于电动机可能存在短时间过载的负载，必须考虑加大变频器容量的问题。

（2）对机械振动和寿命的要求　在这方面，需要考虑的有：

1）避免机械谐振的问题。

2）高速（超过额定转速）时，机械的振动以及各部分轴承及传动机构的磨损问题等。

4. 设计拖动系统的主要内容

1）选择电动机的类型、功率、极对数等。

2）选择变频器的类型、容量、型号等。

3）选择拖动系统运行的相关参数，如：升速与降速的时间和方式等。

4）决定电动机与负载之间的传动比。

5）设计主电路，并决定外围选配件的主要规格。

6）设计控制电路，并选定外围所需要的选配件。

第二节　变频器调速系统的应用设计

应用变频器的调速系统的应用设计主要涉及生产机械的驱动情况、电动机型号与功率等的选择、变频器的选择、变频器外围设备的选择、制动电阻的选择与计算等。

一、恒转矩负载变频调速系统的设计

1. 恒转矩负载的基本特点

恒转矩负载应具有以下特征：

1）在转速变化的过程中，负载的阻转矩保持不变，即

$$T_L = 常数$$

2）负载的机械功率 P_L 与转速成正比，即

$$P_L = \frac{T_L n_L}{9550} \propto n_L \qquad (4-2)$$

2. 系统设计的主要问题

恒转矩负载在设计变频调速系统时，必须注意的要害问题是，调速范围能否满足要求？例如，某变频调速系统的有效转矩曲线如图4-1所示。

在图4-1中横坐标是电动机的负载率，其定义为电动机轴上的负载转矩 T_L'（负载折算到电动机轴上的转矩）与电动机的额定转矩 T_{MN} 的比值，即

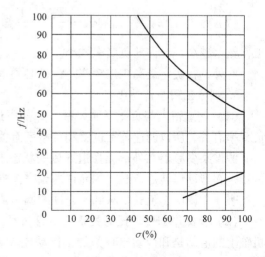

图4-1　有效转矩曲线

$$\sigma = \frac{T'_L}{T_{MN}} \tag{4-3}$$

式中 σ——负载率；

T'_L——负载转矩的折算值（N·m）；

T_{MN}——电动机的额定转矩（N·m）。

电动机在不同频率下的有效转矩与额定转矩之比，是电动机的允许负载率，结合式（4-3）可得

$$\sigma_A = \frac{T_{Mx}}{T_{MN}} \tag{4-4}$$

式中 σ_A——允许负载率；

T_{Mx}——某频率下的有效转矩（N·m）。

所以，变频调速系统能够正常运行的条件为

$$\sigma \leqslant \sigma_A \tag{4-5}$$

由图 4-1 知：当负载率，$\sigma = 100\%$ 时，电动机允许的最大工作频率 $f_{max} = 50Hz$，最小工作频率 $f_{min} = 20Hz$，调速范围只有 2.5 倍，这将满足不了许多负载所要求的调速范围。具体分析如下：

（1）最低工作频率 变频调速系统中允许的最低工作频率除了取决于变频器本身的性能及控制方式外，还和电动机的负载率及散热条件有关，见表 4-1。

表 4-1 各种控制方式的最低工作频率

控制方式	最低工作频率/Hz	允许负载率（%）	
		无外部通风	有外部通风
有反馈矢量控制	0.1	≤75	100
无反馈矢量控制	5	≤80	100
U/f 控制	1	≤50	≤55

（2）最高工作频率 由 $\sigma_A = \dfrac{T_{Mx}}{T_{MN}} = \dfrac{1}{k_1}$ 知，最高工作频率的大小是和负载率成反比的。工作频率越高，允许的负载率越小。

此外，在决定最高工作频率时，还必须考虑机械承受振动的强度，以及轴承的磨损等。

3. 调速范围与传动比

（1）调速范围与负载率的关系 如前所述，变频调速系统的最高和最低工作频率都和负载率有关，所以调速范围也就和负载率有关。

假设某变频器在外部无强迫通风的状态下提供的有效转矩曲线如图 4-1 所示。由图 4-1 可知，在拖动恒转矩负载时，允许的频率范围和负载率之间的关系见表 4-2。

表 4-2 说明，负载率越低，允许的调速范围越大。

（2）负载率与传动比的关系 尽管负载本身的转矩是不变的，但负载转矩折算到电动机轴上的值却是和传动比有关的。传动比 λ 越大，则负载转矩的折算值越小，电动机轴上的负载率也就越小。传动机构的这一特点，提供了一个扩大调速范围的途径。

表 4-2　不同负载率时的转速范围

负载率（%）	最高频率/Hz	最低频率/Hz	调速范围
100	50	20	2.5
90	56	15	3.7
80	62	11	5.6
70	70	6	11.6
60	78	6	13.0

（3）调速范围与传动比的关系　由表 4-2 可知：

1）当电动机轴上的负载率为 100% 时，允许的调速范围是比较小的。

2）在负载转矩不变的前提下，传动比 λ 越大，则电动机轴上的负载率越小，调速范围（频率调节范围）越大。

因此，如果当调速范围不能满足负载要求时，可以考虑通过适当增大传动比来减小电动机轴上的负载率，增大调速范围。

4. 传动比的选择举例

例 4-1　某恒转矩负载，要求最高转速 $n_{Lmax} = 720 r/min$；最低转速 $n_{Lmin} = 80 r/min$（调速范围 $D_L = 9$）。满负荷时负载侧的转矩为 $T_L = 140 N \cdot m$。

原选电动机的数据：$P_{MN} = 11 kW$，$n_{MN} = 14400 r/min$，$p = 2$。

原有传动装置的传动比为 $\lambda = 2$。因此，折算到电动机轴上的数据为

$n'_{Lmax} = n_{Lmax} \times 2 = 14400 r/min$；$n'_{Lmin} = n_{Lmin} \times 2 = 160 r/min$；$T'_L = 140 N \cdot m/2 = 70 N \cdot m$。

根据以上负载参数可做出负载的机械特性，如图 4-2 中曲线②所示。

今采用变频调速，用户要求不增加额外装置，如转速反馈装置及风扇等。但可以适当改变带轮的直径，在一定的范围内调整传动比。

解　（1）计算负载率

1）电动机的额定转矩。根据电动机的额定功率和额定转速，可求出其额定转矩，即

$$T_{MN} = \frac{9550 \times 11}{1440} N \cdot m = 72.95 N \cdot m$$

2）电动机满载时的负载率。根据电动机轴上的负载转矩与额定转矩，可求出其满载时的负载率，即

$$\sigma = \frac{70}{72.95} = 0.96$$

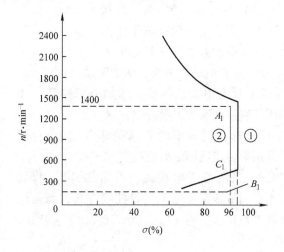

图 4-2　负载率为 0.96 时的情形（一）

（2）核实允许的变频范围

1）由图 4-2 可知，当负载率为 0.96 时，允许的频率变化范围是 19 ~ 52Hz，调频范围为

$$D_f = \frac{70}{6} = 11.7 > D_L$$

2）电动机轴上的负载转矩应限制在下列范围内，即

$$T_L' \leqslant 72.95 N \cdot m \times 70\% = 51 N \cdot m$$

3）确定传动比，即

$$\lambda' \geqslant \frac{140}{51} = 2.745$$

选 $\lambda' = 2.75$

（3）校核

1）电动机的转速范围

$$n_{Mmax} = 720 r/min \times 2.75 = 1980 r/min$$

$$n_{Mmin} = 80 r/min \times 2.75 = 220 r/min$$

2）工作频率范围

$$s = \frac{1500 - 1400}{1500} = 0.04$$

$$f_{max} = \frac{pn}{60(1-s)} = \frac{2 \times 1980}{60 \times 0.96} Hz = 68.75 Hz < 70 Hz$$

$$f_{min} = \frac{2 \times 220}{60 \times 0.96} Hz = 7.64 Hz > 6 Hz$$

如图 4-3 所示，增大了传动比后，负载的机械特性曲线移到了曲线②的位置，其实际运行段（A_2B_2 段）全都在电动机有效转矩线的范围内。

5. 电动机的选择

（1）可供选择的方法　在例 4-1 中，如果对于如何实现变频调速不作任何限制的话，那么可以采取的方法有以下几种：

1）原有电动机不变，增大传动比。

2）原有电动机不变，增加外部通风，并采用带转速反馈的矢量控制方式。

3）选择同功率的变频调速专用电动机，并采用带转速反馈的矢量控制方式。

4）采用普通电动机，不增加外部通风，也不采用带转速反馈的矢量控制方式，而是增大电动机功率。增大后的功率可按如下方法求出

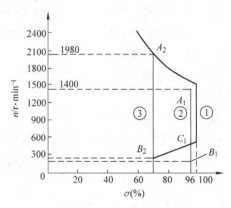

图 4-3　负载率为 0.96 时的情形（二）

$$P_{MN}' = P_{MN} \frac{\lambda'}{\lambda} = 11 \times \frac{2.75}{2} kW = 15 kW$$

（2）选择原则　在实际工作中，大致有以下几种情况：

1）如果属于旧设备改造，则应尽量不改变原有电动机。

2）如果是设计新设备，则应尽量考虑选用变频调速专用电动机，以增加运行的稳定性和可靠性。

3）如果增大传动比后，电动机的工作频率过高，则可考虑采取增大电动机功率的方法。

（3）电动机最高工作频率的确定　电动机最高工作频率以多大为为宜，需要根据具体情况来决定：

1）$p \geq 4$ 的普通电动机。如上述，当 $f_x > 2f_N$ 时，电动机的有效转矩将减小很多，即

$$T_x < \frac{T_N}{2}$$

这对于拖动恒转矩负载来说，并无实际意义。一般来说，在拖动恒转矩负载时，实际工作频率的范围是

$$f_x \leq 1.5f_N$$

2）$p = 1$ 的普通电动机。由于在额定频率以上运行时，电动机转速超过 3000r/min，这时，需要考虑轴承和传动机构的磨损及振动等问题，通常以 $f_x \leq 1.2f_N$ 为宜。

6. 变频器的选择

（1）容量的选择

1）对于长期恒定负载，变频器的容量（指变频器说明书中的"配用电动机功率"）只需与电动机功率相当即可。

2）对于断续负载和短时负载，由于电动机有可能在"短时间"内过载，故变频器的容量应适当加大。通常，应满足最大电流原则，即

$$I_N \geq I_{Mmax} \tag{4-6}$$

式中　I_N——变频器的额定电流；

I_{Mmax}——电动机在运行过程中的最大电流。

（2）类型及控制方式的选择　在选择变频器类型时，需要考虑的因素有：

1）调速范围。如前所述，在调速范围不大的情况下，可考虑选择较为简易的、只有 U/f 控制方式的变频器，或采用无反馈矢量控制方式。

当调速范围很大时，应考虑采用有反馈的矢量控制方式。

2）负载转矩的变动范围。对于转矩变动范围不大的负载，也可首先考虑选择较为简易的、只有 U/f 控制方式的变频器。但对于转矩变动范围较大的负载，由于所选的 U/f 变化曲线不能同时满足重载与轻载时的要求，故不宜采用 U/f 控制方式。

3）负载对机械特性的要求。如负载对机械特性的要求不很高，则可考虑选择较为简易的、只有 U/f 控制方式的变频器，而在要求较高的场合，则必须采用矢量控制方式。若负载对动态响应性能也有较高要求，则还应考虑采用由反馈的矢量控制方式。

二、恒功率负载变频调速系统的设计

1. 恒功率负载的基本特点

恒功率负载具有以下特征：

1）在转速变化过程中，负载功率基本保持不变，即

$$P_L = 常数$$

2）负载的阻转矩与转速成反比，即

$$T_L = \frac{9550P_L}{n_L} \tag{4-7}$$

2. 系统设计的主要问题

恒功率负载在设计变频调速系统时，必须注意的首要问题是如何减小拖动系统的容量。

例4-2 某卷取机的转速范围为 $53 \sim 318 \mathrm{r/min}$，电动机的额定转速为 $960 \mathrm{r/min}$，传动比 $\lambda = 3$。

卷取机的机械特性如图4-4a 的曲线①所示。图中横坐标是负载转矩 T_L 及其折算转矩 T'_L；纵坐标是负载转速 n_L 及其折算转速 n'_L。这里，转速的折算值 n'_L 实际上就是电动机的转速 n_M。在计算时，为了方便比较，负载的转矩和转速都用折算值。

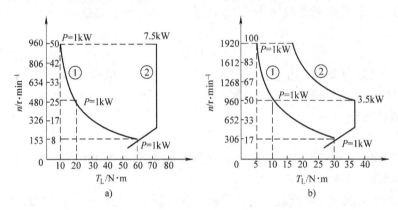

图 4-4 卷取机的机械特性

a）传动比增大前　b）传动比增大后

解 （1）最高转速时的负载功率　因为 $T'_L = T'_{Lmin} = 10 \mathrm{N \cdot m}$，$n'_L = n'_{Lmin} = 960 \mathrm{r/min}$，则有

$$P_L = \frac{10 \times 960}{9550} \mathrm{kW} \approx 1 \mathrm{kW}$$

（2）最低转速时的负载功率　因为 $T'_L = T'_{Lmin} = 60 \mathrm{N \cdot m}$，$n'_L = n'_{Lmin} = 153 \mathrm{r/min}$，则有

$$P_L = \frac{60 \times 153}{9550} \mathrm{kW} \approx 1 \mathrm{kW}$$

（3）所需电动机的功率　因为电动机的额定转矩必须能够带动负载的最大转矩，即

$$T_{MN} \geqslant T'_{Lmax} = 60 \mathrm{N \cdot m}$$

同时，电动机的额定转速又必须满足负载的最高转速，即

$$n_{MN} \geqslant n'_{Lmax} = 960 \mathrm{r/min}$$

因此，电动机的功率应满足

$$P_{MN} \geqslant \frac{60 \times 960}{9550} \mathrm{kW} \approx 6 \mathrm{kW}$$

选 $P_{MN} = 7.5 \mathrm{kW}$

可见，所选电动机的功率比负载所需功率增大了 7.5 倍。

这是因为，如果把频率范围限制在 $f_x \leqslant f_N$ 内，则所需电动机功率为

$$P_{MN} \geqslant \frac{T_{Lmax} n_{Lmax}}{9550}$$

而负载所需功率为

$$P_L = \frac{T_{Lmax} n_{Lmin}}{9550}$$

两者之比为

$$\frac{P_{MN}}{P_L} \geq \frac{n_{Lmax}}{n_{Lmin}} = D_L$$

式中 D_L——负载的调速范围。

变频调速系统的容量比负载所需功率大了 D_L 倍，是很浪费的。

3. 减小容量的对策

（1）基本考虑   电动机在 $f_x > f_N$ 时的有效转矩曲线也具有恒功率性质，应考虑利用电动机的恒功率区来带动恒功率负载，使两者的特性比较吻合。

（2）频率范围扩展至 $f_x \leq 2f_N$ 时的系统功率   以 $f_{max} = 2f_N$ 为例，因为电动机的最高转速比原来增大了一倍，则传动比 λ' 也必增大一倍，为 $\lambda' = 6$。图 4-4b 画出了传动比增大后的机械特性曲线。其计算结果如下：

1）电动机的额定转矩：因为 $\lambda' = 2\lambda$，所以负载转矩的折算值减小了 1/2，即

$$T_{MN} \geq T'_{Lmax} = 30N \cdot m$$

2）电动机的额定转速：仍为 960r/min。

3）电动机的减小了 1/2，即

$$P_{MN} \geq \frac{30 \times 960}{9550} kW \approx 3kW$$

取 $P_{MN} = 3.7kW$

由于电动机的工作频率过高，会引起轴承及传动机构磨损的增加，故对于卷取机一类的必须连续调速的生产机械来说，拖动系统的功率已经不大可能进一步减小了。

（3）$f_x \leq 2f_N$ 两挡传动比时的系统功率   有些机械对转速的调整，只在停机时进行，而在工作过程中并不调速，如车床等金属切削机床的调速。对于这类负载，可考虑将传动比分为两挡，如图 4-5 所示。

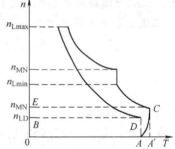

图 4-5 $f_x \leq 2f_N$ 两挡传动比时的
恒功率负载

1）分挡方法：

① 低速挡。当电动机的工作频率从 $f_{min} \rightarrow f_{max}$ 时，负载转速从 $n_{Lmin} \rightarrow n_{Lmax1}$，$n_{Lmax}$ 是高速挡与低速挡之间的分界速。

② 高速挡。当电动机的工作频率从 $f_{min} \rightarrow f_{max}$ 时，负载转速从 $n_{Lmax1} \rightarrow n_{Lmax2}$。

2）分界速 n_{Lmax1} 的计算：若忽略掉电动机转差率变化的因素，则在低速挡的调频范围，有

$$\frac{n_{Lmax1}}{n_{Lmin}} \approx \frac{f_{max}}{f_{min}} = D_f$$

在高速挡的调频范围，则有

$$\frac{n_{Lmax2}}{n_{Lmax1}} \approx \frac{f_{max}}{f_{min}} = D_f \quad 所以 \quad D_L = \frac{n_{Lmax}}{n_{Lmin}} = D_f^2$$

从而 $D_L = \sqrt{D_f}$

分界速的大小计算如下：

$$n_{Lmax1} = \frac{n_{Lmax}}{D_L} = \frac{n_{Lmax}}{\sqrt{D_L}}$$

如果计算准确，可使电动机的有效转矩曲线与负载的机械特性曲线十分贴近，则所需电动机功率也与负载所需功率接近，如图4-5中之面积 $OA'CE$。

4. 电动机的功率选择

如例4-2，电动机的功率与传动比密切相关，所以在进行计算时，必须和传动机构的传动比、调速系统的最高工作频率等因素一起，进行综合考虑。总的原则是：在最高工作频率不超过2倍额定频率的前提下，通过适当调整传动机构的传动比，尽量减小电动机的功率。

对于卷取机械，由于随着卷取半径的增大，转速（频率）不断下降，机械特性曲线也就不断地变换。因此，机械特性的硬度对于这类负载来说，并无意义（因为机械特性是针对在同一条曲线上运行时的转速变化而言的）。一般来说，选用普通电动机就可满足要求。

对于机床类负载，则由于在切削过程中转速是不调节的，故对机械特性的要求较高，且调速范围往往也很大，应考虑采用变频调速专用电动机。

5. 变频器的容量和类别

卷取机械是很少出现过载的，故变频器的容量只需与电动机的功率相符即可。变频器也可选择通用型的，采用 U/f 控制方式已经足够。但机床类负载则是长期变化负载，是允许电动机短时间过载的，故变频器的容量应加大一挡，并且应采用矢量控制方式。

三、二次方律负载变频调速系统的设计

1. 二次方律负载的基本特点

在转速变化过程中，负载的转矩和功率可表示为

$$\left.\begin{array}{l} T_L = T_0 + K_T n_L^2 \\ P_L = P_0 + K_P n_L^2 \end{array}\right\} \tag{4-8}$$

2. 系统设计的主要问题

二次方律负载实现变频调速后的主要问题是如何得到最佳的节能效果。

（1）节能效果与 U/f 线的关系 如图4-6a所示，曲线①是二次方律负载的机械特性；曲线④是电动机在 U/f 控制方式下转矩补偿为零时的有效转矩线。

当转速为 $n_x < n_N$ 时，由曲线①知，负载转矩为 T_{Lx}；由曲线④知，电动机的有效转矩为 T_{Mx}。

十分明显，即使转矩补偿为零，在低频运行时，电动机的转矩与负载转矩相比，仍有较大余量。这说明，该拖动系统还有相当大的节能余地。

为此，变频器设置了若干条 U/f 低频减速曲线，如图4-6b中的曲线②和③所示。与此对应的有效转矩曲线如图4-6a中的曲线②和③所示。

但在选择 U/f 低频减速曲线时，有时会发生难以起动的问题，如图4-6a中的曲线①和曲线③相交于 S 点。显然，在 S 点以下，拖动系统是难以起动的。对此，可采取的对策有：比选用曲线②；②适当加大起动频率。

应该注意的是，几乎所有变频器在出厂时都把 U/f 曲线设定在具有一定补偿量的情况下

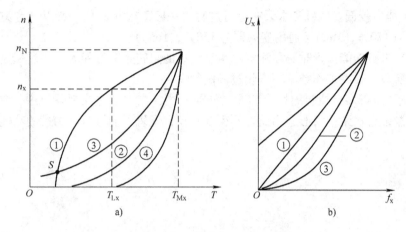

图 4-6　电动机的有效转矩曲线与低减 U/f 比

a）有效转矩曲线　b）U/f 低频减速曲线

（即 $U/f > 1$）。如果用户未经功能预置，直接接上水泵或风机运行时，节能效果就不明显了。个别情况下，甚至会出现低频运行时因励磁电流过大而跳闸的现象。

电动机有效转矩曲线的形状不可能与负载的机械特性完全吻合，所以，即使在低频减速 U/f 比的情况下运行，仍具有节能潜力。为此，有的变频器还设置了"自动节能"功能，以利于进一步挖掘节能潜力。

（2）节能效果与变频台数的关系　由于变频器的价格较贵，为了减少设备投资，不少单位常常采用由一台变频器控制多台水泵的方案。即：只有一台泵进行变频调速，其余都在工频下运行。从控制效果（如恒压供水）来说，这是完全可行的。但很显然，这是以牺牲节能效果为代价的。

对于 1 控 3 的恒压供水系统，所谓 1 控 3，是由 1 台变频器控制 3 台水泵的方式，目的是减少设备投资费用。但显然，3 台水泵中只有 1 台是变频运行的，其总体节能效果不如用 3 台变频器控制 3 台水泵。

若假设 3 台水泵分别为 1、2 号泵和 3 号泵，则该系统的工作过程如下：

首先由变频器起动 1 号泵运行，如工作频率已经达到 50Hz，而压力仍不足时，将 1 号泵切换成工频运行。再由变频器去起动 2 号泵，供水系统处于"1 工 1 变"的运行状态；如变频器的工作频率又已达到 50Hz，而压力仍不足时，则将 2 号泵也切换成工频运行，再由变频器去起动 3 号泵，供水系统处于"2 工 1 变"的运行状态。

如果变频器的工作频率已经降至下限频率，而压力仍偏高时，则令 1 号泵停机，供水系统又处于"1 工 1 变"的运行状态；如变频器的工作频率又降至下限频率，而压力仍偏高时，则令 2 号泵也停机，供水系统又回复到 1 台泵变频运行的状态。这样安排，具有使 3 台泵的工作时间比较均匀的优点。

3. 电动机的选择

绝大多数风机和水泵在出厂时都已经配上了电动机，故采用变频调速后没有必要另配。

4. 变频器的选择

大多数生产变频器的工厂都提供了"风机、水泵用变频器"，可供选用。它们的主要特点有：

1）过载能力较低。风机和水泵在运行过程中一般不容易过载，所以，这类变频器的过载能力较低为120%，1min（通用变频器为150%，1min）。

因此，在进行功能预置时必须注意：由于负载的阻转矩有可能大大超过额定转矩，使电动机过载。所以，最高工作频率不得超过额定频率。

2）配置了进行多台控制的切换功能，如前所述，在水泵的控制系统中，常常需要有1台变频器控制多台水泵的情形，为此，不少变频器都配置了能够自动切换的功能。

第五章 通用变频器的典型应用

第一节　医疗废物焚烧控制系统

随着社会经济的不断发展与人类征服自然、改造自然进程的不断加速，在生产和生活中，产生的各种废弃物越来越多，环境治理与生态保护是人类面临的一个重大问题，也就是说，城乡生活垃圾无害化、减量化、资源化的处理越来越多地引起社会的关注。尤其是医疗废物，具有更大的危害性。为了保障人类健康，减轻环境污染，对医疗废物进行无害化处置，和资源的综合利用，具有十分重要的现实意义。目前，对医疗废物的处置主要采用高温热处理技术。

一、医疗废物的处置原理

医疗废物的处置系统主要包括：进料系统、焚烧系统、余热利用系统和尾气处理系统。各系统均由电气自动控制实时检测控制，以达到焚烧处理过程的稳定、经济与高效。焚烧系统的主要设备是热解汽化焚烧炉。热解汽化焚烧炉自上而下依次为：干燥段、热解段、燃烧段、燃尽段和冷却段。医疗废物在热解汽化炉（一燃室）内，通过干燥热分解（450~600℃）和汽化（600~800℃），热解汽化后的残留物在炉内继续进行充分燃烧，燃烧温度达到1100~1200℃，此后燃尽的结焦状残渣受到炉底部的一次风冷却，经炉排的机械挤压撞击，破碎成100mm以下的块状物，排至炉底的水封槽内，然后经过湿式出渣系统排出。焚烧系统温度的控制关键在与控制好两个指标：CO含量和O_2含量。而控制好这两个指标的关键在于控制好一次风机、二次风机和引风机的进风量，即可保证焚烧系统安全、稳定、高效的运行。

二、焚烧系统风机变频调速的构成

医疗废物焚烧系统风机变频调速的构成如图5-1所示。其中一次风机、二次风机分别对应一燃烧室和二燃烧室进行通风补氧，保证室内充分燃烧。而引风机则保持系统内恒定负压，防止烟气外泄；由DCS统一对三个风机进行分别控制来保证系统安全运行。

三、控制原理

在废物处理过程中，根据焚烧系统的温度、压力、气体分析信号的变化，由DCS集散控制系统发出改变各电动机工作频率的4~20mA信号，变频器根据信号大小调整风机转速从而改变输入风量的大小，即可控制各燃烧室温度和气体成分含量。变频器还根据系统安全性的要求设置了故障报警和模拟输出信号，实时监视系统变化，使系统燃烧更充分更安全（系统中只画出了一燃室风机连接图，二燃室及引风机连接相同，风机变频控制原理及接线一样）。

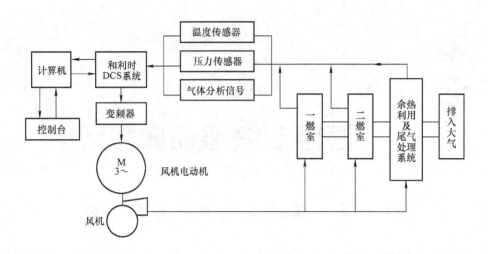

图 5-1 焚烧系统电气控制构成框图

四、控制要求

有一医疗废物处理系统，用变频器对风机进行变频调速，从而实现对一次风量、二次风量和引风机风量的精确控制，进而使其保证了焚烧系统的安全、稳定、高效的运行。在系统连接中可参照图 5-1 和图 5-2 连接；变频器运行操作频率参照表 5-1 所给参数设定运行；编写 PLC 的恒压供水程序。

五、设计内容

1. 变频器控制接线

焚烧系统变频器控制接线如图 5-2 所示。

图中变频器的正转由 DCS 集散控制系统输出接点信号控制变频器的 FWD；频率的高低由 DCS 集散控制系统发出 4～20mA 的模拟信号进行控制，变频器的模拟输出 0～10V 反馈给 DCS 集散控

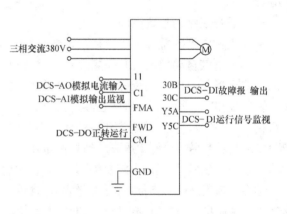

图 5-2　风机变频控制接线

制系统进行转速监视，变频器故障输出及运行监视信号也与 DCS 集散控制系统相连，当有报警输出时，以便由操作人员及时排除。

2. 根据系统控制，设定变频器的参数

焚烧系统一燃室风机控制变频器参数的设置见表 5-1。

表 5-1　一燃室风机控制变频器参数的设置

功能代码	名称	设定数据
F01	频率设定 1	2
F02	运行操作	1
F03	最高输出频率 1	50Hz

（续）

功能代码	名称	设定数据
F04	基本频率1	50Hz
F05	额定电压	380V
F06	最高输出电压	380V
F07	加速时间1	4s
F08	减速时间1	4s
F10	电子热继电器1	1
F11	电子热继电器OL设定值1	110%
F12	电子热继电器热常数t1	0.5min
F30	FMA电压调整	100%
F31	FMA功能选择	0
F36	总报警输出	0
E24	Y5输出端子功能	0
P01	电动机1（极数）	4极
P02	电动机1（功率）	5.5kW
P03	电动机1（额定电流）	13A

焚烧系统二燃室风机控制变频器参数的设置见表5-2。

表5-2 二燃室风机控制变频器参数的设置

功能代码	名称	设定数据
F01	频率设定1	2
F02	运行操作	1
F03	最高输出频率1	50Hz
F04	基本频率1	50Hz
F05	额定电压	380V
F06	最高输出电压	380V
F07	加速时间1	4s
F08	减速时间1	4s
F10	电子热继电器1	1
F11	电子热继电器OL设定值1	110%
F12	电子热继电器热常数t1	0.5min
F30	FMA电压调整	100%
F31	FMA功能选择	0
F36	总报警输出	0
E24	Y5输出端子功能	0
P01	电动机1（极数）	4极
P02	电动机1（功率）	11kW
P03	电动机1（额定电流）	24A

焚烧系统引风机控制变频器参数的设置见表5-3。

表 5-3　引风机控制变频器参数的设置

功能代码	名称	设定数据
F01	频率设定1	2
F02	运行操作	1
F03	最高输出频率1	50Hz
F04	基本频率1	50Hz
F05	额定电压	380V
F06	最高输出电压	380V
F07	加速时间1	4s
F08	减速时间1	4s
F10	电子热继电器1	1
F11	电子热继电器OL设定值1	110%
F12	电子热继电器热常数t1	0.5min
F30	FMA电压调整	100%
F31	FMA功能选择	0
F36	总报警输出	0
E24	Y5输出端子功能	0
P01	电动机1（极数）	4极
P02	电动机1（功率）	55kW
P03	电动机1（额定电流）	112A

3. 部分参数含义详解

（1）F30：FMA端子（电压调整）　端子FMA能输出直流电压，以其作为输出频率和输出电流的监视数据，其大小可调整。根据F31选择监视信号的监视量，量程电压值可在0%～200%范围内调整。参数含义如图5-3所示。

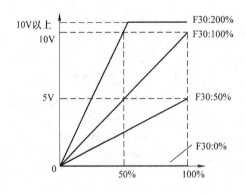

图5-3　参数含义

（2）F31：FMA监视功能的选择　根据FMA端子的输出信号进行监视对象的选择。其具体功能的选择见表5-4。

表5-4　FMA 监视功能的选择

设定值	监视对象	监视信号2满量程定义
0	输出频率1（转差补偿前）	最高输出频率
1	输出频率2（转差补偿后）	最高输出频率
2	输出电流	变频器额定输出电流×2
3	输出电压	500V
4	输出转矩	电动机额定转矩×2
5	负载率	电动机额定负载×2
6	输入功率	电动机额定功率×2
7	PID 反馈量	反馈量100%
8	PG 反馈量（有选件卡时）	最高频率的同步速度
9	直流中间电路电压	1000V
10	万能 AO	从通信可向 FMA，FMP 发出任意输出。具体依据通信规范

六、系统的安装及调试

1. 安装接线及运行调试

1）结合实际要求和情况进行设备及元器件的合理布置和安装；然后根据图样进行导线连接，变频器和电动机及 DCS 集散控制系统的连线如图5-2 所示。

2）经检查无误后方可通电。

3）按照要求进行 DCS 集散控制系统设置并和上位机组态通信及变频器参数的设置。

4）参数设置好后在 DCS 集散控制系统操作下，进行整个系统的测试，在测试合格后才可进行正常的生产运行，即废物处理。

5）用户可根据系统变化通过 DCS 集散控制系统对三台风机的风量进行控制，从而达到温度和 CO 及 O_2 含量的相对稳定，使生产高效安全。

2. 注意事项

1）线路必须检查清楚才能通电运行。

2）注意运行中的安全性，温度、压力和含量的变化，三个风机相互配合，保证废物的充分燃烧和系统的恒定负压。

第二节　工业洗衣机控制系统

随着社会经济的发展，控制技术的不断改革，工业洗衣机的自动化程度及性能都得到了大幅提高，已由过去的变极调速改为变频调速。工业洗衣机主要应用在医院、宾馆饭店及工矿企业，应用非常普遍，在过去用工业洗衣机洗衣服时，洗涤与脱水时的转速相差很大，通常使用变极电动机或数台一般电动机用离合器切换运转。而且由于负载惯性很大，为了获得大起动转矩特性，要采用特殊的大电阻电动机，减速时另需制动装置。

而采用变频器来控制，就可以用一台电动机从低速到高速大范围调速，而且传动装置可做得很小，控制性能和操作性都能大幅度提高，可以根据衣料、洗涤剂等可随意调节洗净、清洗及平衡过程时洗衣桶的转速。进一步提高脱水时洗衣桶的转速以缩短工作时间。同时，采用 PLC 和变频器配合调节提高了自动控制性能和稳定程度，安全性能也得到了进一步提高。

一、控制要求

用 PLC 和变频器配合进行工业洗衣机的控制。控制内容如下：

1）PLC 送电，系统进入初始状态，准备起动。起动时开始进水。水位到达高水位时停止进水，并开始正转洗涤。正转洗涤 15s，暂停 3s；反转洗涤 15s 后，暂停 3s，此为一次小循环，若小循环次数不足 3 次，则返回正转洗涤；若小循环次数达到 3 次，则开始排水。当水位下降到低水位时，开始脱水并继续排水。脱水 10s 即完成一次大循环。若大循环次数不足 3 次，则返回进水，进行下一次大循环。若完成 3 次大循环，则进行洗涤完毕报警。报警 10s 后结束全部过程，自动停机，其控制流程如图 5-4 所示。

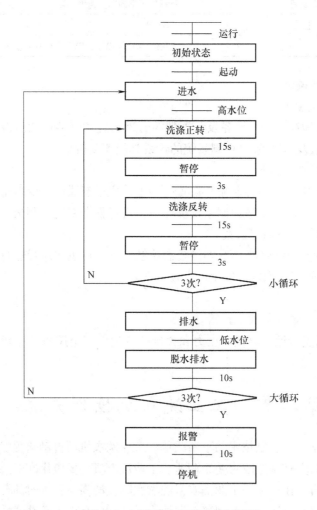

图 5-4　工业洗衣机程序控制流程

2）根据控制要求由 PLC 编写洗衣机自动控制的应用程序，配合变频器进行正、反转及转速的切换。

3）洗涤时变频器的输出频率为35Hz，脱水时变频器的输出频率为50Hz，其加减速时间根据实际情况设定。

二、设计内容

1. 结合控制要求进行 PLC 程序的编写

（1）I/O 分配 I/O 分配见表 5-5。

表 5-5 I/O 分配

输　入			输　出		
名　称	代　号	输入点编号	输出点编号	代　号	名　称
起动按钮	SB1	X0	Y0	KM0	进水接触器
高水位开关	SQ1	X1	Y1	KM1	排水接触器
低水位开关	SQ2	X2	Y2	KM2	脱水接触器
停止按钮	SB2	X3	Y3	HL	报警指示灯
			Y4	FWD	电动机动正转
			Y5	REV	电动机动反转
			Y6	X1	多频段 E01

（2）电路连接 工业洗衣机自动控制电路的连接如图 5-5 所示。

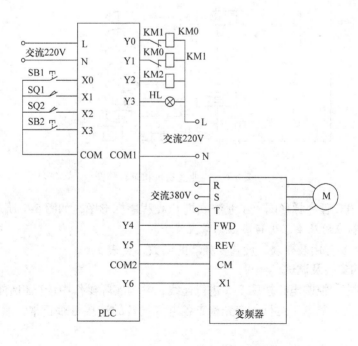

图 5-5 工业洗衣机自动控制电路的连接

（3）绘制状态转移图 工业洗衣机 PLC 状态转移图如图 5-6 所示。

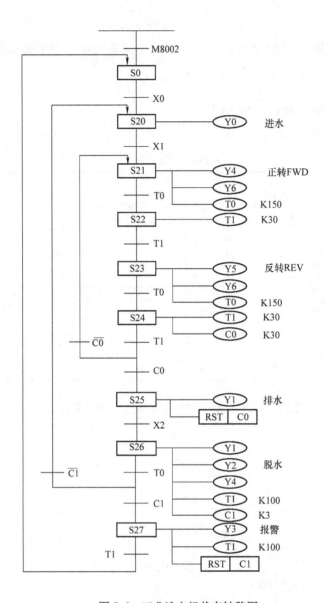

图 5-6　工业洗衣机状态转移图

（4）编写 PLC 程序梯形图　工业洗衣机 PLC 程序梯形图，如图 5-7 所示。

2. 结合控制应用及要求进行参数的设置

结合实际控制应用及要求，设置变频器的参数，见表 5-6。

三、系统的安装及调试

1）首先将主、控制电路按图 5-5 进行连线，并与实际操作中情况相结合。

2）在通电后不要急于运行，应先检查各电气设备的连接是否正常，然后进行单一设备的逐个调试。

3）按照系统要求进行变频器参数的设置。

4）按照系统要求进行 PLC 程序的编写并传入 PLC 内，并进行模拟运行调试，观察输入和输出点是否和要求一致。

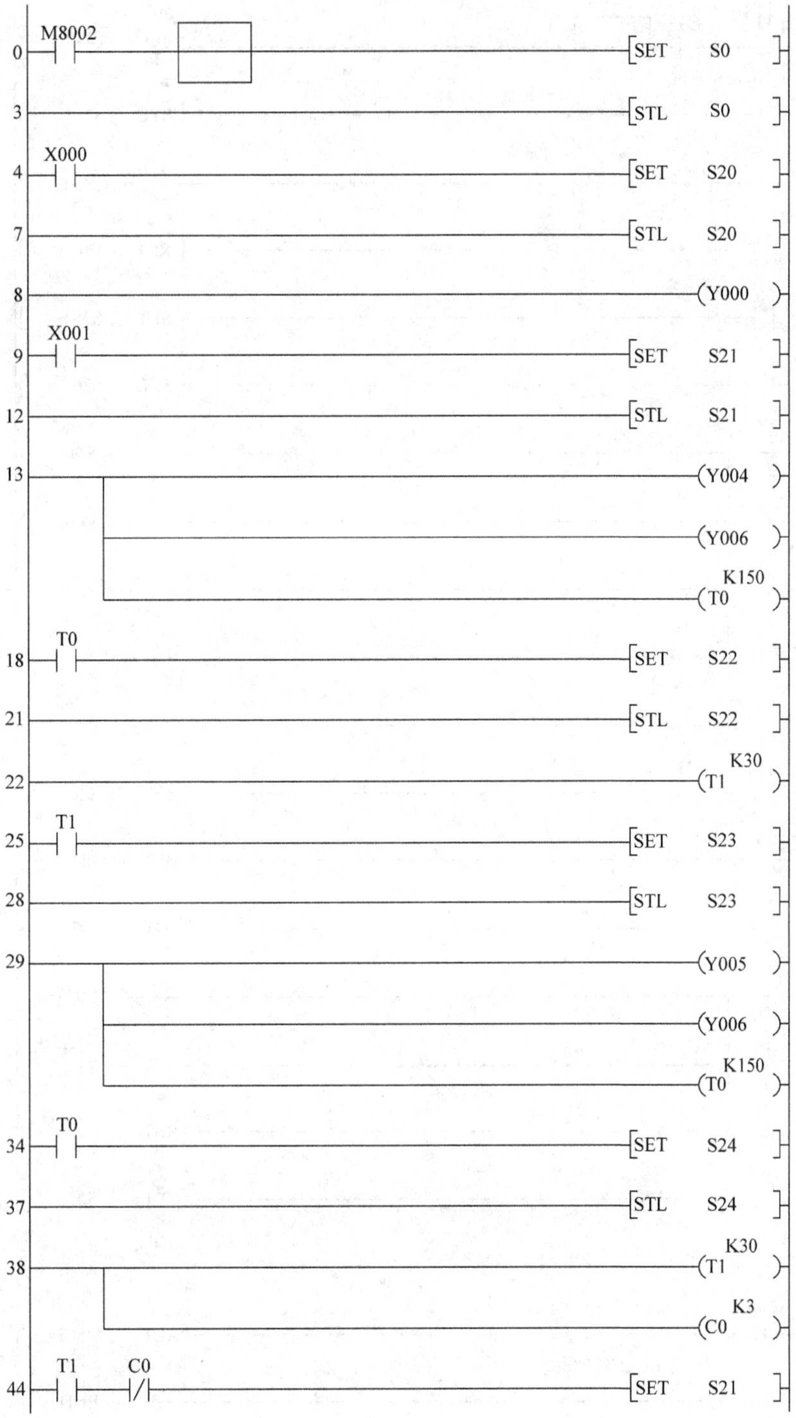

```
0   M8002 ┤├        [          ]                    ─[SET    S0  ]
3                                                   ─[STL    S0  ]
4   X000 ┤├                                         ─[SET    S20 ]
7                                                   ─[STL    S20 ]
8                                                   ─(Y000 )
9   X001 ┤├                                         ─[SET    S21 ]
12                                                  ─[STL    S21 ]
13                                                  ─(Y004 )
                                                    ─(Y006 )
                                                 K150
                                                    ─(T0  )
18  T0 ┤├                                           ─[SET    S22 ]
21                                                  ─[STL    S22 ]
22                                               K30
                                                    ─(T1  )
25  T1 ┤├                                           ─[SET    S23 ]
28                                                  ─[STL    S23 ]
29                                                  ─(Y005 )
                                                    ─(Y006 )
                                                 K150
                                                    ─(T0  )
34  T0 ┤├                                           ─[SET    S24 ]
37                                                  ─[STL    S24 ]
38                                               K30
                                                    ─(T1  )
                                                 K3
                                                    ─(C0  )
44  T1 ┤├ C0 ┤/├                                    ─[SET    S21 ]
```

图 5-7　工业洗衣机 PLC 程序梯形图

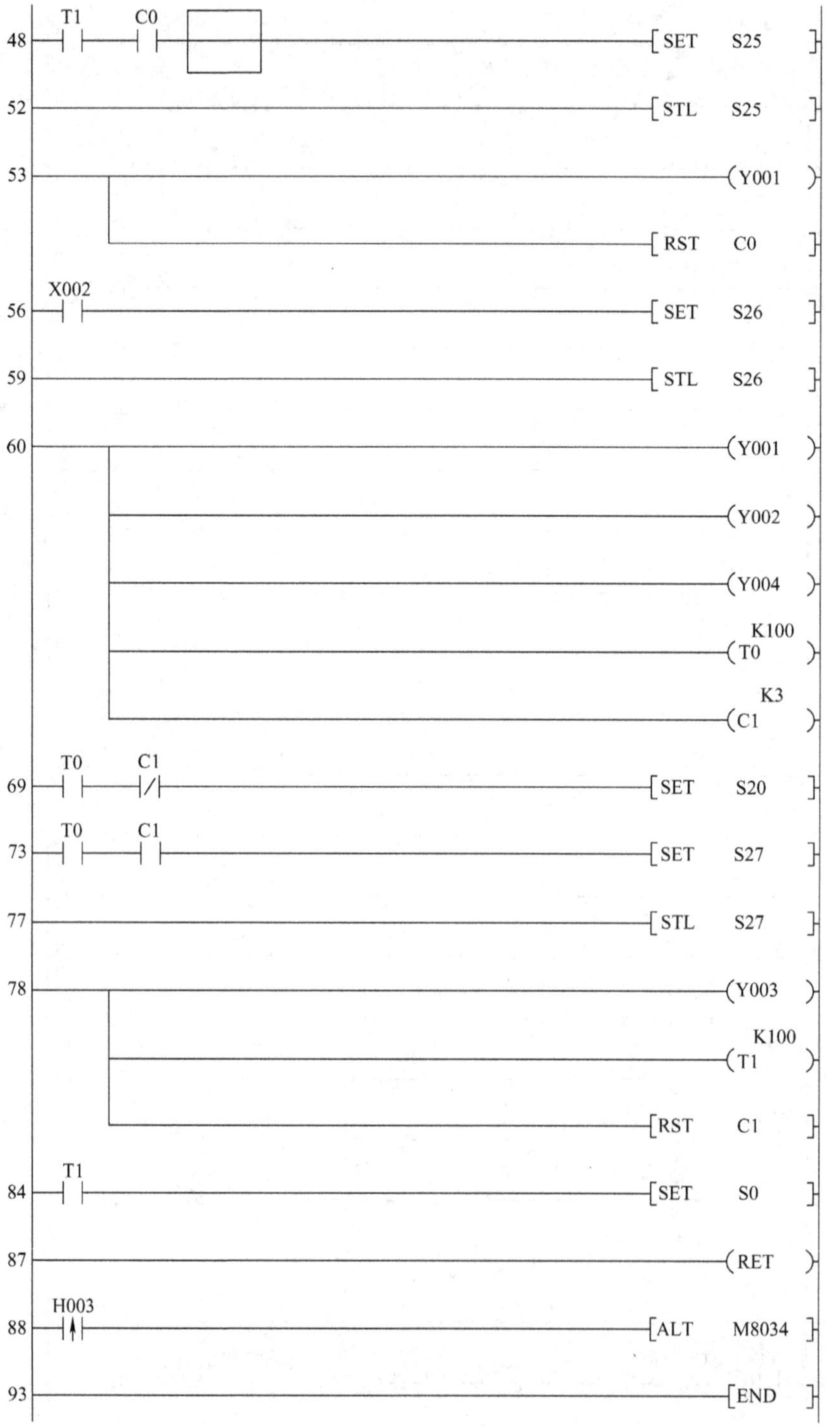

```
        T1    C0
48 ┤├──┤├──┌──┐──────────────────────[ SET   S25 ]
                └──┘

52 ─────────────────────────────────[ STL   S25 ]

53 ─────┬───────────────────────────( Y001 )
        │
        └───────────────────────────[ RST   C0  ]

        X002
56 ┤├────────────────────────────────[ SET   S26 ]

59 ─────────────────────────────────[ STL   S26 ]

60 ─────┬───────────────────────────( Y001 )
        ├───────────────────────────( Y002 )
        ├───────────────────────────( Y004 )
        │                              K100
        ├───────────────────────────( T0   )
        │                              K3
        └───────────────────────────( C1   )

        T0    C1
69 ┤├──┤/├──────────────────────────[ SET   S20 ]

        T0    C1
73 ┤├──┤├───────────────────────────[ SET   S27 ]

77 ─────────────────────────────────[ STL   S27 ]

78 ─────┬───────────────────────────( Y003 )
        │                              K100
        ├───────────────────────────( T1   )
        └───────────────────────────[ RST   C1  ]

        T1
84 ┤├────────────────────────────────[ SET   S0  ]

87 ─────────────────────────────────( RET  )

        H003
88 ┤↑├───────────────────────────────[ ALT   M8034 ]

93 ─────────────────────────────────[ END  ]
```

图 5-7　工业洗衣机 PLC 程序梯形图（续）

表5-6 工业洗衣机变频器参数设定

功能代码	名　　称	设定数据
F01	频率设定1	0
F02	运行操作	0，1
F03	最高输出频率1	50Hz
F04	基本频率1	50Hz
F05	额定电压	380V
F06	最高输出电压	380V
F07	加速时间1	2s
F08	减速时间1	1s
F10	电子热继电器1	1
F11	电子热继电器OL设定值1	4.5A
F12	电子热继电器热常数t1	0.5min
E01	X1端子功能	0
C05	多步频率设定1	35Hz
P01	电动机1（极数）	4极
P02	电动机1（功率）	2.2kW
P03	电动机1（额定电流）	4.1A

5）对整个系统进行统一调试，包括安全和运行情况的稳定性。

6）在系统正常情况下，按下起动按钮，洗衣机就开始按照控制要求自动运行。根据程序由变频器控制洗衣机的转速，以达到多段速的控制，从而实现洗衣机的变频调速自动控制。

7）按下停止按钮SB2停止运行。

注意：

1）线路必须检查清楚才能上电。

2）在系统运行调整中要有准确的实际记录，温度是否变化范围小，运行是否平稳，以及节能效果如何。

3）对运行中出现的故障现象准确地进行分析描述。

4）注意在洗涤衣物时不得长期超负荷运行，否则电动机和变频器将过载而停止运行。

第三节　电梯控制系统

一、电梯设备的基础知识

电梯是一种垂直运输工具，在运行中不但具有动能，而且具有势能。电梯驱动电动机经常处在正转和反转、起动和制动过程中。对于载重大、速度高的电梯，提高其运行效率，节约电能是重点要解决的问题。如图5-8所示为电梯驱动机构电路。

电梯的动力来自电动机，一般选11kW或15kW的电动机拽引机的作用有三个，一是调速，二是驱动曳引钢丝绳，三是在电梯停车时实施制动。为了加大载重能力，钢丝绳的一端是轿厢，另一端加装了配重装置，配重的质量随电梯载重的大小而变化。计算公式如下：

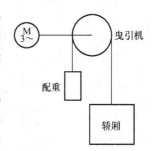

图5-8 电梯驱动机构电路

$$配重的质量 = （载重量/2 + 轿厢自重）\times 45\%$$

其中，45%是平衡系数，一般要求平衡系数为 45% ～50%，这种驱动机构可使电梯的载重能力大为提高。

1. 系统的基本构成

系统主要由以下几部分构成。

（1）整流与再生部分 这部分的功能有两个，一是将电网三相正弦交流电整流成直流，向逆变器部分提供直流电源，二是在减速制动时，有效地控制传动系统的能量回馈给电网。主电路器件是 IGBT 模块或 IPM 模块。根据系统的运行状态，既可作为整流器使用，也可作为有源逆变器使用。

在传动系统采用能耗制动方案时，这部分可单独采用二极管整流模块，无需 PWM 控制电路及相关部分。

（2）逆变器部分 逆变器部分同样是由 IGBT 或 IPM 模块组成的，其作为无源逆变器，向交流电动机供电。

（3）平波部分 在电压源系统中，由电解电容器构成平波器。

（4）检测部分 PG 作为交流电动机速度与位置传感器、CT 作为主电路交流电流检测器，TP 作为与三相交流电网同步的信号检测，R 为支流母线电压检测器。

（5）控制电路 控制电路一般由计算机、DSP 及 PLC 等构成，可选 16 位或 32 位计算机。控制电路主要完成电力传动系统的指令形成，电流、速度和位置控制，同时产生 PWM 控制信号，并对电梯进行故障诊断、检测和显示及电梯的控制逻辑管理、通信和群控等信息处理任务。

2. 系统的工作原理

如图 5-9 所示，电压反馈信号 U_F 与交流电源同步信号 U_S 送入 PWM1 电路产生符合电动机作为电动状态运行的 PWM1 信号。控制整流与再生部分中的开关器件，使之只作为二极管整流工作状态。当电动机减速或制动时便产生再生作用，功率开关器件在 PWM 信号作用下进入再生状态，电能回馈给交流电网。交流电抗器（ACL）主要是限制回馈到电网的再生电流，减少对电网的干扰，又能起到保护功率开关器件的作用。逆变器将直流电转换成幅值与频率可调的交流电，输入交流电动机驱动电梯运行。系统实行电流环与速度环的 PID 控制，并产生正弦 PWM2 信号，控制逆变器输出正弦交流电。

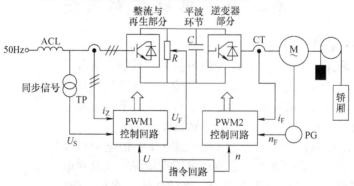

图 5-9 变频电梯电力传动系统框图

3. 系统的主要特点

1）使用交流异步电动机结构简单，制造容易，维护方便，适于高速运行。

2）电力传动效率高，节能显著。电梯属于位能负载，在运行时具有动能，因此，在制动时，将其能量回馈电网具有很大意义。

3）结构紧凑，体积小，质量轻，占地面积小。

4. 电梯的控制方式

表 5-7 列出了电梯控制方式的比较，绳索式电梯通常采用的速度控制方式有很多种，但为了改善性能，正在不断改用变频器的控制方式。

表 5-7 电梯控制方式的比较

分类	其他方式				变频器方式			
	电动机	齿轮	电梯速度/(m/min)	速度控制方式	电动机	齿轮	电梯速度/(m/min)	速度控制方式
中低速	笼型电动机	带齿轮	15～30	1 挡速度	笼型电动机	带齿轮	30～105	变频器
			45～160	2 挡速度				
			45～105	电子电压晶闸管控制				
	直流电动机	不带齿轮	90～105	发电机—电动机方式				
高速			120～240			带斜齿轮	120～240	
超高速			300 以上			不带齿轮	300 以上	

中、低速电梯所采用的速度控制方式主要是笼型电动机的定子电压晶闸管控制，这种控制方式很难实现转矩控制，而且低速时由于使用在低效率区，能量损耗也比较大。

另外，高速、超高速电梯所采用的晶闸管直流供电方式，由于使用直流电动机，增加了换向器和电刷的维护工作，而且晶闸管相位控制在低速运行时，功率因数较低。采用交流变频调速控制方式可去除这些缺点。

用变频器控制调速时，从舒适性考虑，加减速的最大值通常限制在 $0.9 \mathrm{m/s^2}$ 以下。由于必须使电梯从零速到最高速平滑地变化，变频器的输出频率也几乎从应零频率开始到额定频率为止平滑地变化。

对于中、低速电梯，变频器方式与通常的定子电压晶闸管控制相比较，耗电量减少 1/2以上，且平均功率因数显著改善，电源设备容量也下降了1/2。

对于高速、超高速电梯，就节能而言，由于电动机效率提高，功率因数改善，因此，输入电流减少，整流器损耗相应减少，与通常的晶闸管直流供电方式相比，预计节能 5%～10%，另外，由于平均功率因数提高，电梯的电源设备容量可能减少 20%～30%。

注意：应结合电梯系统的实际应用，对带有编码器的 3 层电梯进行控制。

二、电梯设备的控制要求

有一 3 层电梯控制系统，需要 PLC 和变频器配合进行自动控制，控制要求如下：

1）若电梯停在一层或二层，三层呼叫时，则电梯上行至三层停止。

2）若电梯停在三层或二层，一层呼叫时，则电梯下行至一层停止。

3）若电梯停在一层，二层呼叫时，则电梯上行至二层停止。

4）若电梯停在三层，二层呼叫时，则电梯下行至二层停止。

5）若电梯停在一层，二层和三层同时呼叫时，则电梯上行至二层停止 T 秒，然后继续自动上行至三层停止。

6）若电梯停在三层，二层和一层同时呼叫时，则电梯上行至二层停止 T 秒，然后继续自动下行至一层停止。

7）梯上行途中，下降招呼无效；电梯下降途中，上行招呼无效。

8）厢所停位置层招唤时，电梯不影响召唤。

9）梯楼层定位采用旋转编码器脉冲定位（采用型号为 OVW2 – 06 – 2MHC 的旋转编码器，脉冲为 600 脉冲/r，DC24V 电源），不设磁感应位置开关。

10）有上行、下行定向指示，上行或下行延时起动。

11）梯到达目的层站时，先减速后平层，减速脉冲个数根据现场确定。

12）梯具有快车速度 50Hz、爬行速度 6Hz，当平层信号到来时，电梯从 6Hz 减速到 0Hz。

13）梯起动的加速时间、减速时间可根据实际情况而定。

14）有轿厢所停位置楼层数码管显示。

三、电梯设备的设计内容

1. 程序设计

（1）I/O 分配 结合系统进行 PLC 的输入、输出点分配 I/O 分配见表 5-8。

表 5-8 I/O 分配

输　入	功　能	输　出	功　能
X0	C235 计数端	Y1	1 层呼叫指示
X7	计数在一层 时强迫复位	Y2	2 层呼叫指示
		Y3	3 层呼叫指示
X1	1 层呼叫	Y6	电梯上升箭头
X2	2 层呼叫	Y7	电梯下降箭头
X3	3 层呼叫	Y10	电梯上升 STF 信号
		Y11	电梯下降 STR 信号
		Y12	RH 减速运行至 6Hz
		Y20 – Y26	电梯轿厢位置数码显示

（2）电路连接 电梯控制系统综合接线如图 5-10 所示。

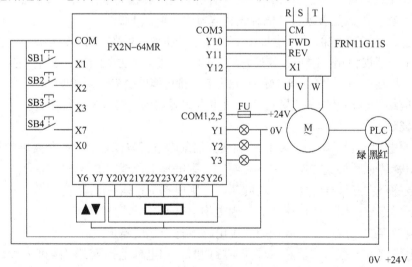

图 5-10 带编码器的三层电梯控制系统综合接线

（3）编写 PLC 程序梯形图　三层电梯控制系统 PLC 程序梯形图如图 5-11 所示。

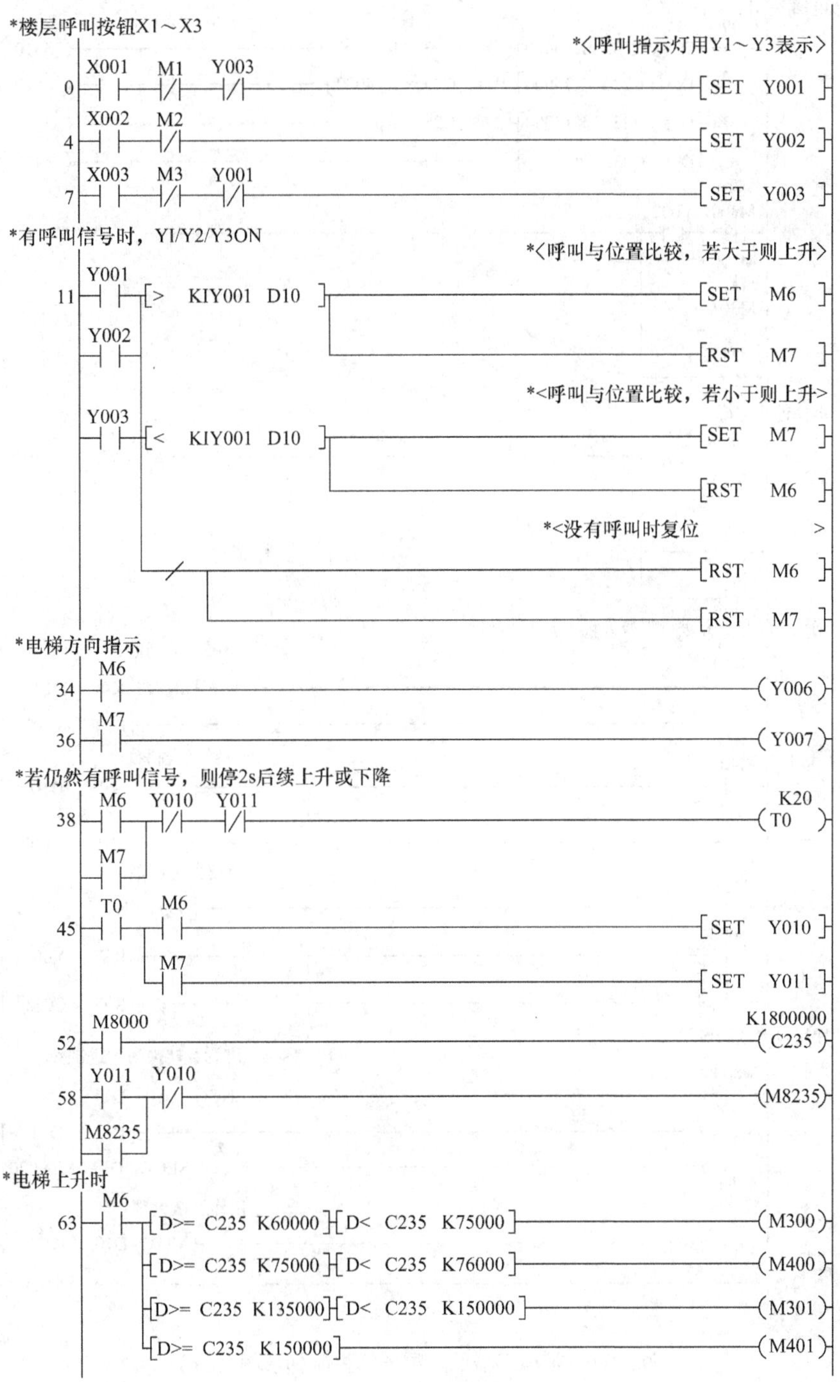

*楼层呼叫按钮X1～X3

*〈呼叫指示灯用Y1～Y3表示〉

```
0    X001  M1   Y003                              [SET  Y001]
      ┤├  ┤/├  ┤/├
4    X002  M2                                     [SET  Y002]
      ┤├  ┤/├
7    X003  M3   Y001                              [SET  Y003]
      ┤├  ┤/├  ┤/├
```

*有呼叫信号时，Y1/Y2/Y3ON

*〈呼叫与位置比较，若大于则上升〉

```
11   Y001
      ┤├  [>  KIY001 D10 ]                        [SET  M6]
     Y002
      ┤├                                          [RST  M7]
```

*〈呼叫与位置比较，若小于则上升〉

```
     Y003
      ┤├  [<  KIY001 D10 ]                        [SET  M7]
                                                  [RST  M6]
```

*〈没有呼叫时复位　　　　　　〉

```
      ┤/├                                         [RST  M6]
                                                  [RST  M7]
```

*电梯方向指示

```
34   M6                                           (Y006)
      ┤├
36   M7                                           (Y007)
      ┤├
```

*若仍然有呼叫信号，则停2s后续上升或下降

```
                                                  K20
38   M6   Y010  Y011                              (T0)
      ┤├  ┤/├  ┤/├
     M7
      ┤├
45   T0   M6                                      [SET  Y010]
      ┤├  ┤├
          M7                                      [SET  Y011]
          ┤├
                                                  K1800000
52   M8000                                        (C235)
      ┤├
58   Y011 Y010                                    (M8235)
      ┤├  ┤/├
     M8235
      ┤├
```

*电梯上升时

```
63   M6
      ┤├ [D>= C235 K60000 ][D< C235 K75000 ]     (M300)
         [D>= C235 K75000 ][D< C235 K76000 ]     (M400)
         [D>= C235 K135000][D< C235 K150000]     (M301)
         [D>= C235 K150000]                      (M401)
```

图 5-11　带编码器的三层电梯控制梯形图

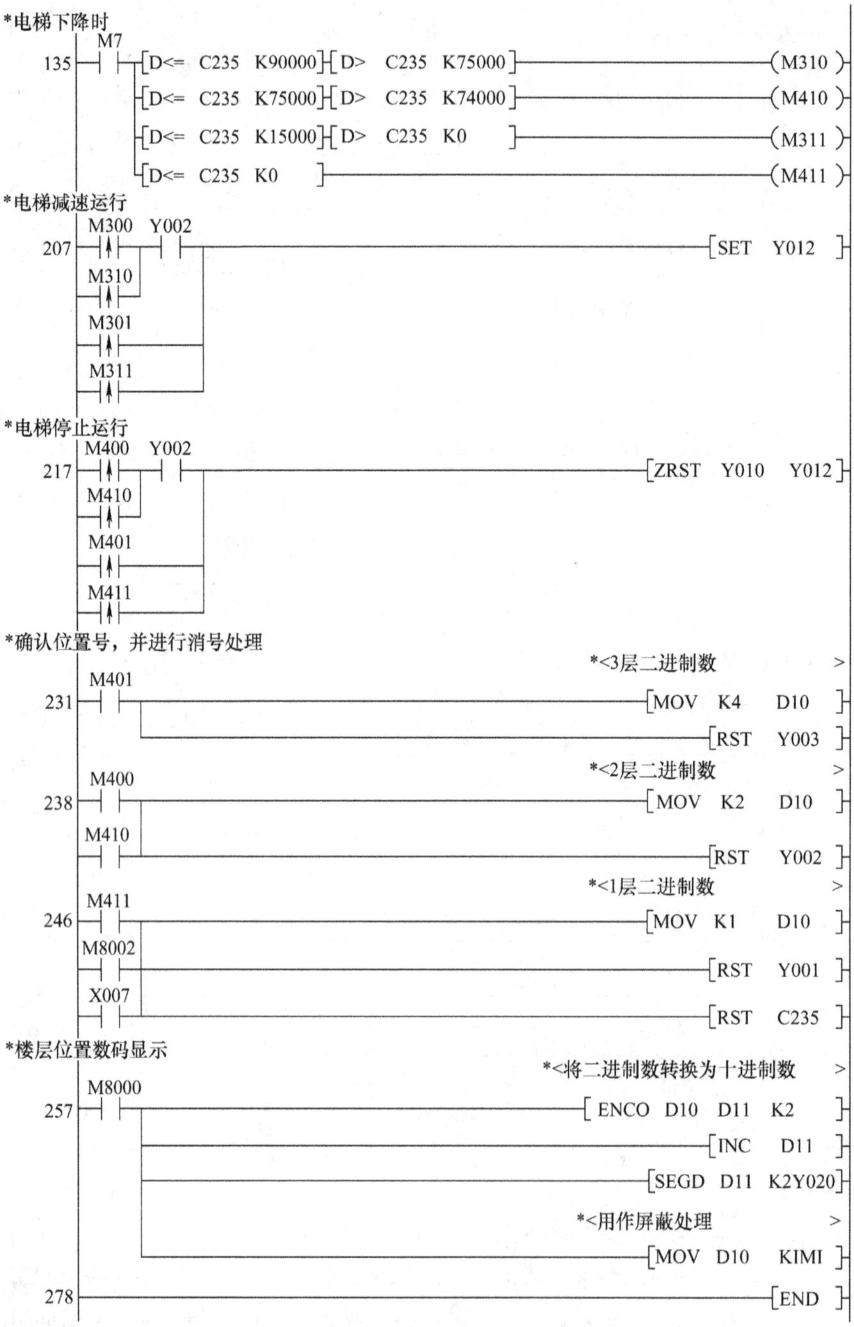

*电梯下降时
```
        M7
135 ├─┤├─┬[D<= C235 K90000]─[D> C235 K75000]────────────(M310)
       ├──[D<= C235 K75000]─[D> C235 K74000]────────────(M410)
       ├──[D<= C235 K15000]─[D> C235 K0]─────────────────(M311)
       └──[D<= C235 K0]─────────────────────────────────(M411)
```

*电梯减速运行
```
       M300  Y002
207 ├──┤↑├──┤├──┬──────────────────────────────[SET  Y012]
       M310      │
    ├──┤↑├───────┤
       M301      │
    ├──┤↑├───────┤
       M311      │
    ├──┤↑├───────┘
```

*电梯停止运行
```
       M400  Y002
217 ├──┤↑├──┤├──┬──────────────────────────[ZRST  Y010  Y012]
       M410      │
    ├──┤↑├───────┤
       M401      │
    ├──┤↑├───────┤
       M411      │
    ├──┤↑├───────┘
```

*确认位置号,并进行消号处理
```
                                          *<3层二进制数          >
       M401
231 ├──┤├──┬────────────────────────────────────[MOV  K4   D10]
           └────────────────────────────────────────[RST  Y003]

                                          *<2层二进制数          >
       M400
238 ├──┤├──┬────────────────────────────────────[MOV  K2   D10]
       M410 │
    ├──┤├───┴────────────────────────────────────────[RST  Y002]

                                          *<1层二进制数          >
       M411
246 ├──┤├──┬────────────────────────────────────[MOV  K1   D10]
      M8002 │
    ├──┤├───┤────────────────────────────────────────[RST  Y001]
       X007 │
    ├──┤├───┴────────────────────────────────────────[RST  C235]
```

*楼层位置数码显示
```
                                       *<将二进制数转换为十进制数  >
      M8000
257 ├──┤├──┬─────────────────────────────────[ENCO D10  D11  K2]
           ├─────────────────────────────────────[INC  D11]
           ├─────────────────────────────────[SEGD  D11  K2Y020]
           │                          *<用作屏蔽处理            >
           └──────────────────────────────────[MOV  D10  KIMI]
278 ─────────────────────────────────────────────────────[END]
```

图 5-11 带编码器的三层电梯控制梯形图(续)

2. 结合控制应用及要求进行参数的设置

拽引电动机变频参数的设置见表 5-9。

表5-9 拽引电动机变频参数的设置

功能代码	名　　称	设定数据
F01	频率设定1	10
F02	运行操作	1
F03	最高输出频率1	50Hz
F04	基本频率1	50Hz
F05	额定电压	380V
F06	最高输出电压	380V
F07	加速时间1	2s
F08	减速时间1	1s
F09	转矩提升1	10
F10	电子热继电器1	1
F11	电子热继电器OL设定值1	25A
F12	电子热继电器热常数t1	0.5min
F13	电子热继电器外接制动电阻	0
E01	X1端子功能	0
C05	多步频率设定1	6Hz
P01	电动机1（极数）	4极
P02	电动机1（功率）	11kW
P03	电动机1（额定电流）	22A

3. 电梯脉冲个数的计算

采用600脉冲的电梯编码器，4极电动机的转速按1500r/min；则50Hz时的每秒脉冲个数：$[(1500\text{r/min}) \div 60\text{s}] \times 600$脉冲=15000脉冲/s；设电梯每层相隔75000脉冲，在60000个脉冲时减速为6Hz，电梯运行前必须先操作X7复位。

三层电梯脉冲个数的计算，每层运行5s，提前1s减速，具体计算如图5-12所示。

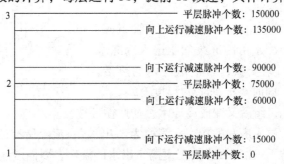

图5-12 三层电梯脉冲个数的计算

四、电梯设备的安装及调试

1）结合实际要求和具体情况进行设备及元器件的合理布置和安装；然后根据图样进行导线连接。变频器和电动机及PLC编码器的连线如图5-10所示。

2）经检查无误后方可通电试运行。

3）按照要求进行PLC程序编写及变频器参数的设置。

4）PLC程序传输完成及变频器参数设置好后，首先进行单一测试，然后进行整个系统的统一调试，在测试合格后才可进行正常载重运行。

注意：

1）线路必须检查清楚才能通电。

2）读者可根据要求和实际情况在系统调试中，对变频器转矩提升和其相关参数进行修改，注意系统运行中的安全性和稳定性。

第四节　中央空调控制系统

随着社会经济的发展和人们生活水平的提高，中央空调控制系统的应用已非常普遍，那么中央空调控制系统具有怎样的工作原理、基本组成以及如何应用 PLC 和变频器进行调速，最终达到恒温自动控制的目的呢？

利用变频调速控制中央空调系统不仅可实现温差小，使用环境相对较为舒适的自动恒温控制，而且它的节能效果非常明显，得到广泛应用。

一、中央空调系统的基础知识

1. 中央空调系统的构成

中央空调系统主要由冷冻机组、冷却水塔、外部热交换系统等部分构成。其系统组成示意图如图 5-13 所示。

（1）冷冻机组　这是中央空调系统的"制冷源"，通往各个房间的循环水由冷冻机组进行"内部热交换"，降温为"冷冻水"。

（2）冷却水塔　用于为冷冻机组提供"冷却水"。冷却水在盘旋流过冷冻主机后，带走冷冻主机所产生的热量，使冷冻主机降温。

（3）"外部热交换"系统　由两个循环水系统组成：冷冻水循环系统和冷却水循环系统。

1）冷冻水循环系统：由冷冻泵及冷冻水管组成。水从冷冻机组流出和冷冻水由冷冻泵加压送入冷冻水管道，在各房间内进行热交换，带走房间内的热量，使房间内的温度下降。同时，冷冻水的温度升高，循环水温度升高，经冷冻机组后又变成冷冻水，如此循环往复。

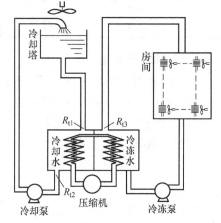

图 5-13　中央空调系统构成示意图

从冷冻机组流出、进入房间的冷冻水简称为"出水"；流经所有的房间后回到冷冻机组的冷冻水简称为"回水"。由于回水的温度高于出水的温度，因而形成温差。

2）冷却水循环系统：由冷却泵、冷却水管道及冷却塔组成。冷冻机组进行热交换，使水温冷却的同时，必将释放大量的热量。该热量被冷却水吸收，使冷却水温度升高。冷却泵将升了温的冷却水压入冷却塔，使之在冷却塔中与大气进行热交换，然后再将降了温的冷却水送回到冷冻机组。如此不断循环往复，带走了冷冻机组释放的热量。

流进冷冻机组的冷却水简称为"进水"；从冷冻机组流回冷却塔的冷却水简称为"回水"。同样，回水的温度高于进水的温度，也形成了温差。

（4）室内风机和冷却塔风机：

1）室内风机。安装于所有需要降温的房间内，用于将由冷冻水冷却了的冷空气吹入房间，加速房间内的热交换。

2）冷却塔风机。用于降低冷却塔中的水温，加速将"回水"带回的热量散发到大气中去。可以看出，中央空调系统的工作过程是一个不断进行的热交换能量转换过程。在这里，冷冻水和冷却水循环系统是能量的主要传递者。因此，对冷冻水和冷却水循环系统的控制便是中央空调控制系统的重要组成部分。

（5）温度检测系统　通常使用热电阻或温度传感器检测冷冻水和冷却水的温度变化。

2. 中央空调变频调速系统的基本控制原理

中央空调变频调速系统的控制依据是：中央空调系统的外部热交换由两个循环水系统来完成。循环水系统的回水与进（出）水温度之差，反映了需要进行热交换的热量。因此，根据回水与进（出）水温度之差来控制循环水的流动速度，从而达到控制热交换的速度，是一种比较合理的控制方法。

（1）冷冻水循环系统的控制　由于冷冻水的出水温度是冷冻机组"冷冻"的结果，常常是比较稳定的。因此，单是回水温度的高低就足以反映房间内的温度。所以，冷冻泵的变频调速系统，可以简单地根据回水温度进行控制：回水温度高，说明房间温度高，应提高冷冻泵的转速，加快冷冻水的循环速度；反之，回水温度低，说明房间温度低，可降低冷冻泵的转速，减缓冷冻水的循环速度，以节约能源。换句话说，对于冷冻水循环系统，控制依据是回水温度，即通过变频调速，实现回水的恒温控制。

（2）冷却水循环系统的控制　由于冷却塔的水温是随环境温度而改变的，其单侧水温不能准确地反映冷冻机组内产生热量的多少。所以，对于冷却泵，以进水和回水间的温差作为控制依据，实现进水和回水间的恒温差控制是比较合理的。温差大，说明冷冻机组产生的热量大，应提高冷却泵的转速，增大冷却水的循环速度；反之则减缓冷却水的循环速度，以节约能源。

3. 中央空调变频调速系统的切换方式

中央空调的水循环系统一般都由若干台水泵组成。采用变频调速时，可以有两种方案：

（1）一台变频器方案　若干台冷冻泵由一台变频器控制。现对三台水泵采用变频调速控制，各台水泵之间的切换方法如下：

1）先起动1号泵，进行恒温度（差）控制。

2）当1号泵的工作频率上升至50Hz时，将它切换至工频电源；同时将变频器的给定频率迅速降到0Hz，使2号泵与变频器相接，并开始起动，进行恒温度（差）控制。

3）当2号泵的工作频率上升至50Hz时，同样切换至工频电源；并将变频器的给定频率迅速降到0Hz，使3号泵与变频器相接，并开始起动，进行恒温度（差）控制。

4）当3号泵的工作频率下降至设定的下限切换频率时，则将1号泵停机。

5）当3号泵的工作频率再次下降至设定的下限切换频率时，将2号泵停机。这时，只有3号泵处于变频调速状态。

这种方案的主要优点是只用一台变频器，设备投资较少；缺点是节能效果稍差。

（2）全变频方案　即所有的冷冻泵和冷却泵都采用变频调速。其切换方法如下：

1）先起动1号泵，进行恒温度（差）控制。

2）当工作频率上升至设定的切换上限值（通常可小于50Hz，如48Hz）时，起动2号泵，1号泵和2号泵同时进行变频调速，实现恒温度（差）控制。

3）当工作频率又上升至切换上限值时，起动 3 号泵，三台泵同时进行变频调速，实现恒温度（差）控制。

4）当三台泵同时运行，而工作频率下降至设定的下限切换值时，可关闭 3 号泵，使系统进入两台运行的状态，当频率继续下降至下限切换值时，关闭 2 号泵，进入单台运行状态。

这种方案的主要优点是由于每台泵都要配置变频器，故设备投资较高，但节能效果却要好得多。

4. 中央空调控制系统的自动控制运行

对于系统的恒温控制，结合工艺和用户实际应用要求，对中央空调的温度调节控制，可采用变频器 PID 运算的一种控制，也可采用变频器的多段速进行控制。本项目采用多段速进行中央空调的自动恒温控制。

二、中央空调系统的控制要求

利用变频器通过控制压缩机的速度来实现温度控制，温度信号的采集由温度传感器完成。整个系统可由 PLC 和变频器配合实现自动恒温控制。系统控制要求如下：

1）某空调冷却系统有三台水泵，按设计要求每次运行两台，一台备用，10 天轮换一次。

2）冷却进（回）水温差超出上限温度时，一台水泵全速运行，另一台变频高速运行，冷却进（回）水温差小于下限温度时，一台水泵变频低速运行。

3）三台泵分别由电动机 M1、M2、M3 拖动，全速运行由 KM1、KM3、KM5 三个接触器控制，变频调速分别由 KM2、KM4、KM6 三个接触器控制。

4）变频调速通过变频器的七段速度实现控制。

5）全速冷却泵的开启与停止由进（回）水温差控制。

三、中央空调系统的设计内容

1. 电路设计

分析电路控制要求，结合空调制冷原理和要求，并进行主电路的连接如图 5-14 所示。

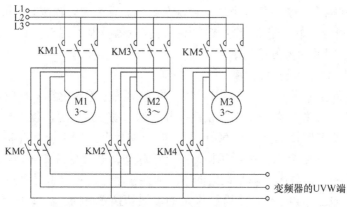

图 5-14　冷却泵主电路的接线

2. 程序设计

（1）分配输入/输出点数　X0 为停止；X1 为温差下限（降低速度）；X2 为温差上限（提高速度）；X3 为起动；Y0 为 KM1；Y3 为 KM4；Y2 为 KM3；Y5 为 KM6；Y4 为 KM5；Y10 为 FWD；Y11 为变频器 X1 端；Y12 为变频器 X2 端；Y13 为变频器 X3 端。

（2）画出接线图　PLC 与变频器控制接线如图 5-15 所示。

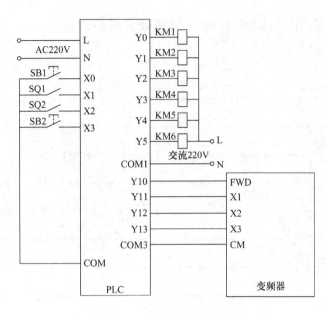

图 5-15　PLC 与变频器控制接线

（3）画出状态流程图　PLC 状态转移图如图 5-16 所示。

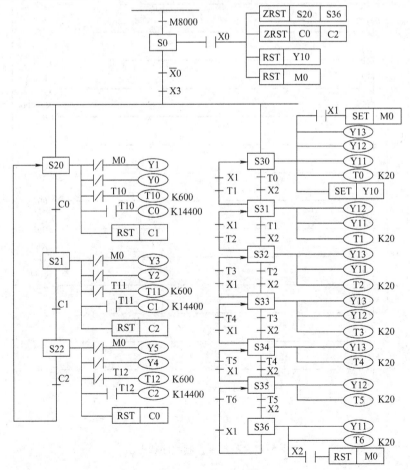

图 5-16　PLC 状态转移图

132

（4）编写设计梯形图　冷却泵控制程序梯形图如图 5-17 所示。

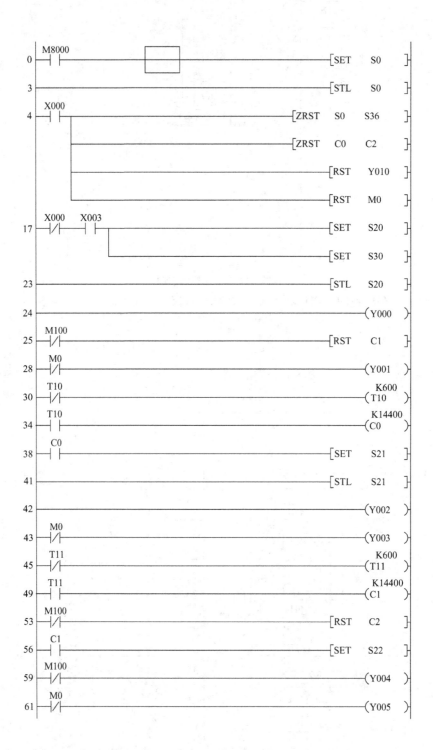

图 5-17　冷却泵控制程序梯形图

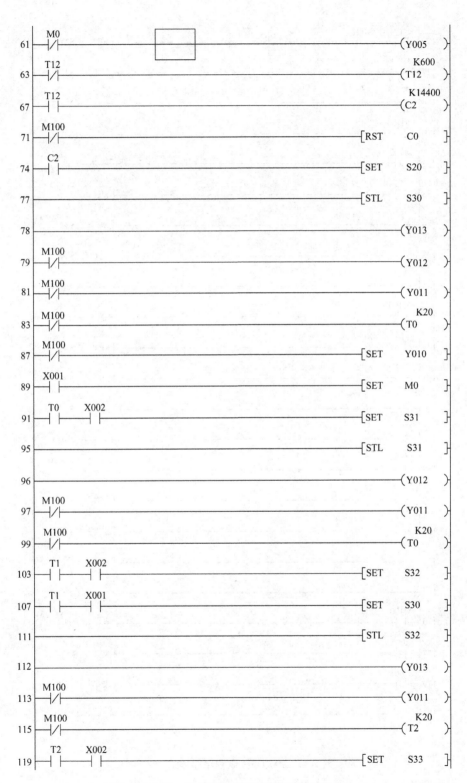

图 5-17　冷却泵控制程序梯形图（续）

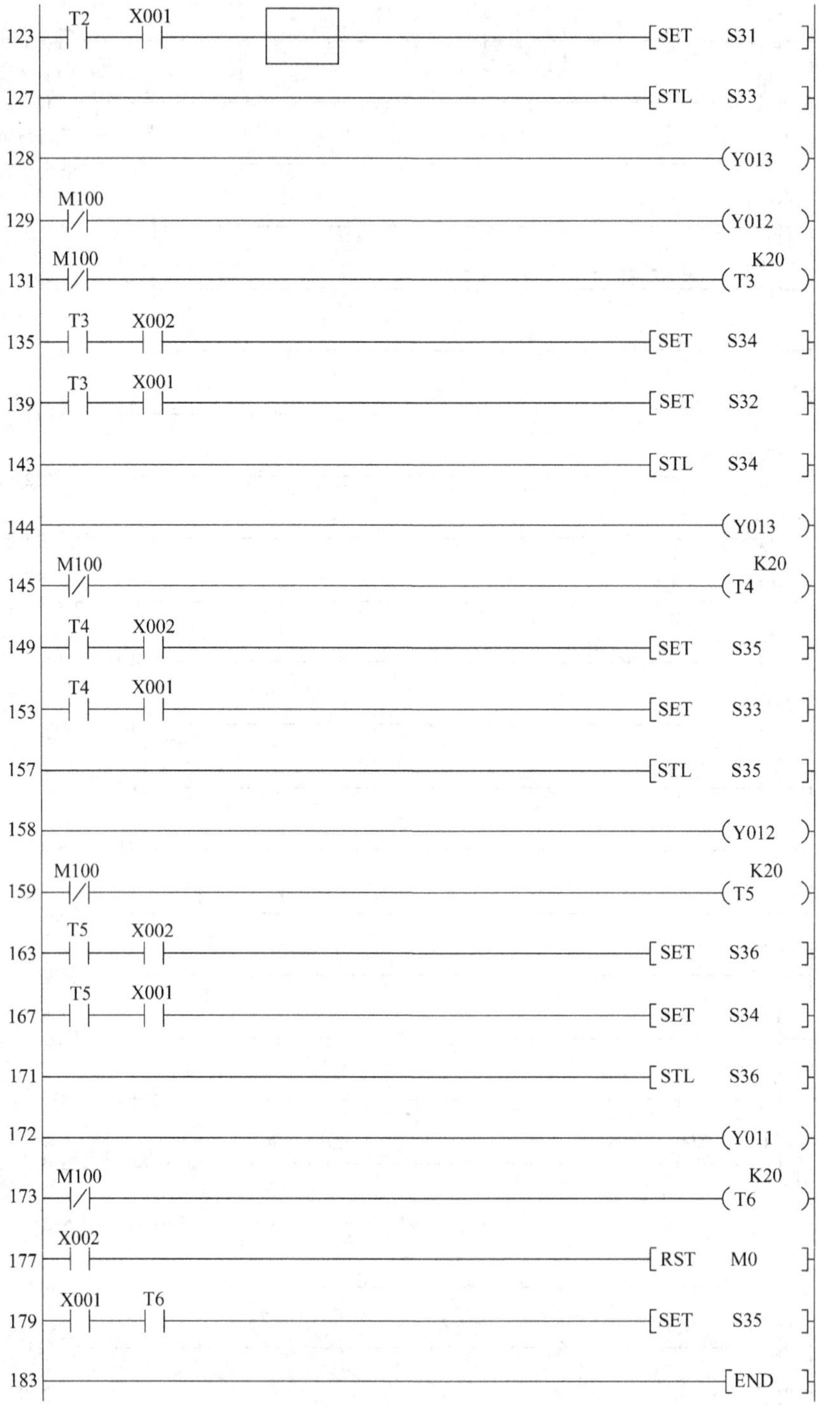

```
123 ──┤ T2 ├──┤ X001 ├────┌────────┐──────────────────────[SET   S31 ]┤
                          └────────┘

127 ──────────────────────────────────────────────────────[STL   S33 ]┤

128 ──────────────────────────────────────────────────────────(Y013 )┤

         M100
129 ──────┤/├──────────────────────────────────────────────────(Y012 )┤

         M100                                                    K20
131 ──────┤/├──────────────────────────────────────────────────(T3  )┤

         T3    X002
135 ──────┤├────┤├──────────────────────────────────────────[SET   S34 ]┤

         T3    X001
139 ──────┤├────┤├──────────────────────────────────────────[SET   S32 ]┤

143 ──────────────────────────────────────────────────────[STL   S34 ]┤

144 ──────────────────────────────────────────────────────────(Y013 )┤

         M100                                                    K20
145 ──────┤/├──────────────────────────────────────────────────(T4  )┤

         T4    X002
149 ──────┤├────┤├──────────────────────────────────────────[SET   S35 ]┤

         T4    X001
153 ──────┤├────┤├──────────────────────────────────────────[SET   S33 ]┤

157 ──────────────────────────────────────────────────────[STL   S35 ]┤

158 ──────────────────────────────────────────────────────────(Y012 )┤

         M100                                                    K20
159 ──────┤/├──────────────────────────────────────────────────(T5  )┤

         T5    X002
163 ──────┤├────┤├──────────────────────────────────────────[SET   S36 ]┤

         T5    X001
167 ──────┤├────┤├──────────────────────────────────────────[SET   S34 ]┤

171 ──────────────────────────────────────────────────────[STL   S36 ]┤

172 ──────────────────────────────────────────────────────────(Y011 )┤

         M100                                                    K20
173 ──────┤/├──────────────────────────────────────────────────(T6  )┤

         X002
177 ──────┤├────────────────────────────────────────────────[RST   M0 ]┤

         X001   T6
179 ──────┤├────┤├──────────────────────────────────────────[SET   S35 ]┤

183 ──────────────────────────────────────────────────────────[END ]┤
```

图 5-17　冷却泵控制程序梯形图（续）

3. 参数设置

根据系统控制要求进行变频器参数设置，见表 5-10。

表 5-10　变频器参数设置

功能代码	名　　称	设定数据
F01	频率设定 1	0
F02	运行操作	0，1
F03	最高输出频率 1	50Hz
F04	基本频率 1	50Hz
F05	额定电压	380V
F06	最高输出电压	380V
F07	加速时间 1	5s
F08	减速时间 1	10s
F10	电子热继电器 1	1
F11	电子热继电器 OL 设定值 1	14.3A
F12	电子热继电器热常数 t1	0.5min
F15	频率限制（上限）	50Hz
F16	频率限制（下限）	10Hz
E01	X1 端子功能	0
E02	X2 端子功能	1
E03	X3 端子功能	2
C05	多步频率设定 1	10Hz
C06	多步频率设定 2	15Hz
C07	多步频率设定 3	20Hz
C08	多步频率设定 4	25Hz
C09	多步频率设定 5	30Hz
C10	多步频率设定 6	40Hz
C11	多步频率设定 7	50Hz
P01	电动机 1（极数）	2 极
P02	电动机 1（功率）	5.5kW
P03	电动机 1（额定电流）	13A

四、中央空调系统的安装调试

1）结合实际要求和情况进行设备及元器件的合理布置和安装；然后根据图样进行导线连接，变频器和电动机的连线如图 5-15 所示。

2）经检查无误后方可通电。在通电后不要急于运行，应先检查各电气设备的连接是否正常，然后进行单一设备的逐个调试。

3）按照系统要求进行 PLC 程序的编写并传入 PLC 内，并进行模拟运行与调试，观察输入和输出点是否和要求一致。

4）对整个系统进行统一调试，包括安全和运行情况的稳定性。

5）在系统正常情况下，按下起动按钮，系统就开始自动运行。根据温度的变化由 PLC 控制自动切换变频器输入端 X1、X2、X3 的连接状态，以达到多段速控制的目的，从而实现中央空调制冷系统的恒温差控制。

6）按下停止按钮 SB2 停止运行。

注意：

1）线路必须检查清楚才能通电。

2）在系统运行调整中要有准确的运行记录，温度变化范围是否小，运行是否平稳，及节能效果是否满足使用要求。

3）对运行中出现的故障现象能够准确地描述分析。

4）不能使变频器的输出电压和工频电压同时加于同一台电动机，否则会损坏变频器。

5）在运行过程中要认真观测，空调制冷系统的变频自动控制方式及特点并做好记录。

第五节　龙门刨床控制系统

龙门刨床是机械制造业中必不可少的机械加工设备，是制造重型设备，如大型轧钢机、汽轮机、发电机、矿山设备等不可缺少的工作母机，主要用来加工大型工件的各种平面、斜面和槽。特别适宜于加工大型的、狭长的机械零件，如机床的床身、箱体、导轨等。它的应用非常广泛。

龙门刨床主要由床身、横梁、刀架、立柱、导轨等部分组成，如图 5-18 所示。

龙门刨床工作时被加工的零件固定在刨台即工作台上进行往复运动，刨台的往复运动一个周期主要有五个阶段，即切入工件时段 t_1、正常切削时段 t_2、退出工件时段 t_3、高速返回时段 t_4 和缓冲时段 t_5，如图 5-19 所示。左右垂直刀架安装在横梁上，由一台电动机拖动，可左右移动。左右侧刀架安装在立柱上，各自有一台电动机拖动，可上、下移动。下面用 PLC 与变频器联合控制实现对龙门刨床加工过程的控制运行，要求刨台的往复运动速度由变频器调速控制。

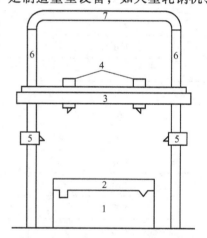

图 5-18　龙门刨床的主要组成部分
1—床身　2—刨台　3—横梁　4—左右垂直刀架
5—左右侧刀架　6—立柱　7—龙门顶

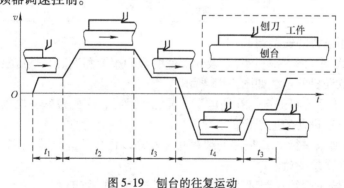

图 5-19　刨台的往复运动

一、龙门刨床控制系统的控制要求

利用 PLC 和变频器的程序控制来控制龙门刨床的自动加工过程。根据龙门刨床的工作流程图（见图 5-20），可得到龙门刨工作台的速度运行曲线（见图 5-21）。由速度运行曲线可知控制要求如下：

1）开始工作台前进起动，刀具慢速切入，运行在 15Hz 上。

2）8s 后开始加速到稳定切削阶段，运行在 45Hz 上。

3）15s 后开始减速退刀，在 10Hz 上运行 8s。

4）随后工作台反向加速返回，运行在 50Hz 上。

5）13s 后退减速到 15Hz 上，随后工作台返回停止，完成一个运行周期。

二、龙门刨床控制系统的设计内容

1. 程序设计

（1）结合控制系统流程和要求设计出系统接线图　PLC 与变频器的接线如图 5-22 所示（在模拟调试中，原点指示、垂直进刀、右进刀、左进刀、刀具上移可参考 PLC 输出点指示灯）。

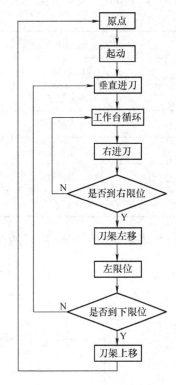

图 5-20　龙门刨床工作流程图

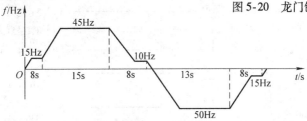

图 5-21　龙门刨床速度运行曲线

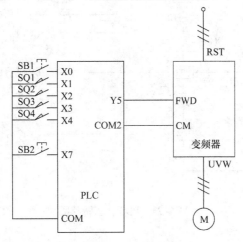

图 5-22　PLC 与变频器的接线

（2）I/O 分配　I/O 分配见表 5-11。

表 5-11　I/O 分配

输入点	输出点
X0 – 起动	Y0 – 原点指示
X1 – 上限位	Y1 – 垂直进刀
X2 – 下限位	Y2 – 右进刀
X3 – 左限位	Y3 – 刀具左移
X4 – 右限位	Y4 – 刀具上移
X7 – 停止	Y5-FWD

（3）根据龙门刨工作关系的要求，画出 PLC 状态转移图　状态转移图如图 5-23 所示。

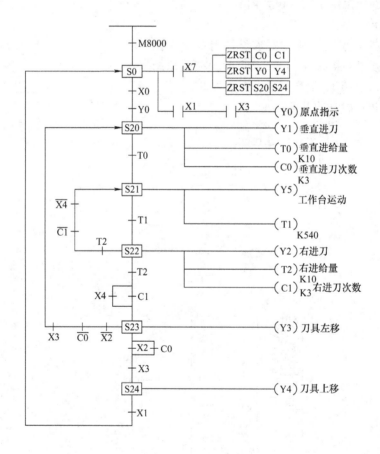

图 5-23　PLC 状态转移图

（4）设计龙门刨床程序　龙门刨床控制程序梯形图如图 5-24 所示。

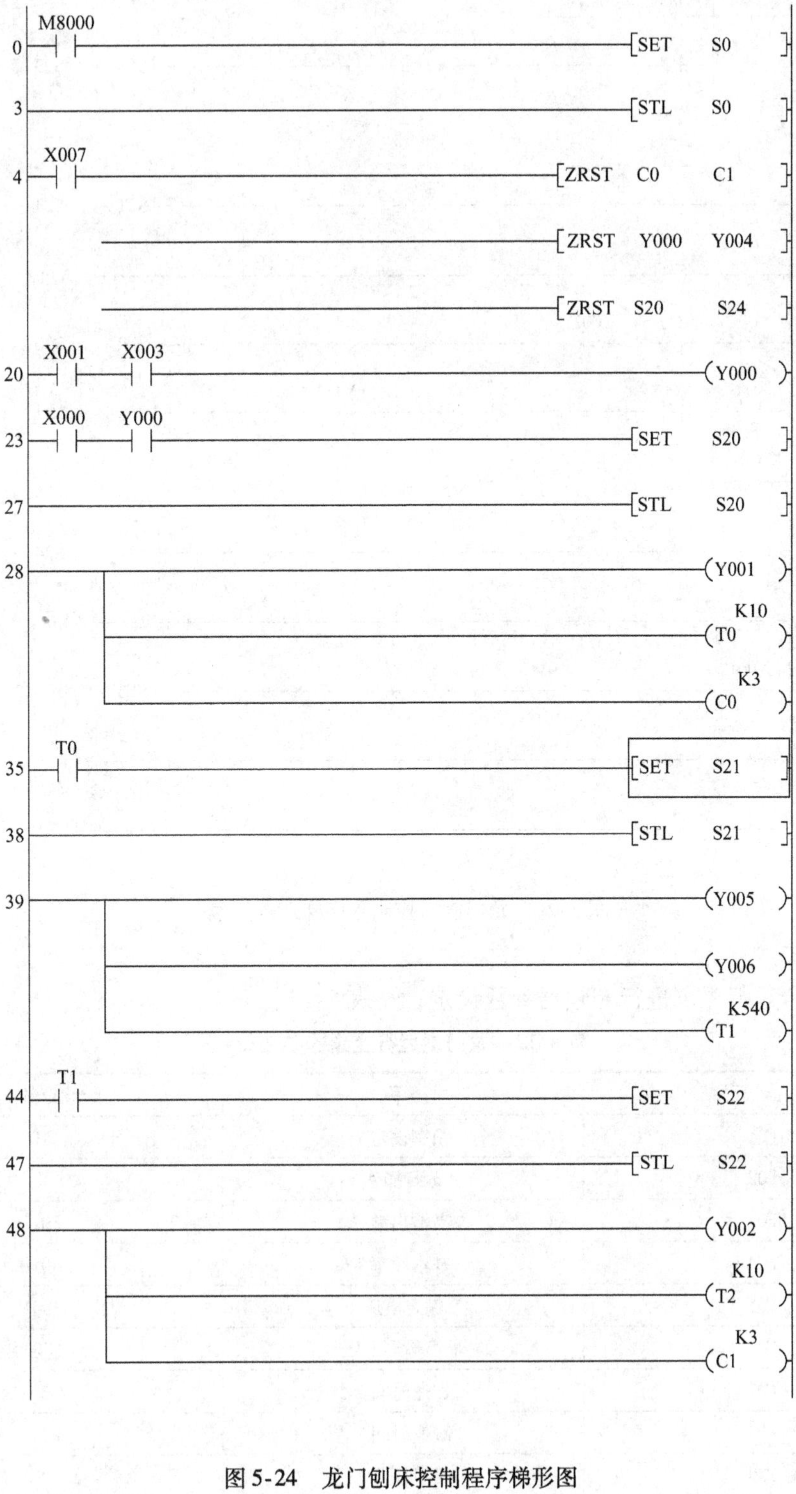

图 5-24　龙门刨床控制程序梯形图

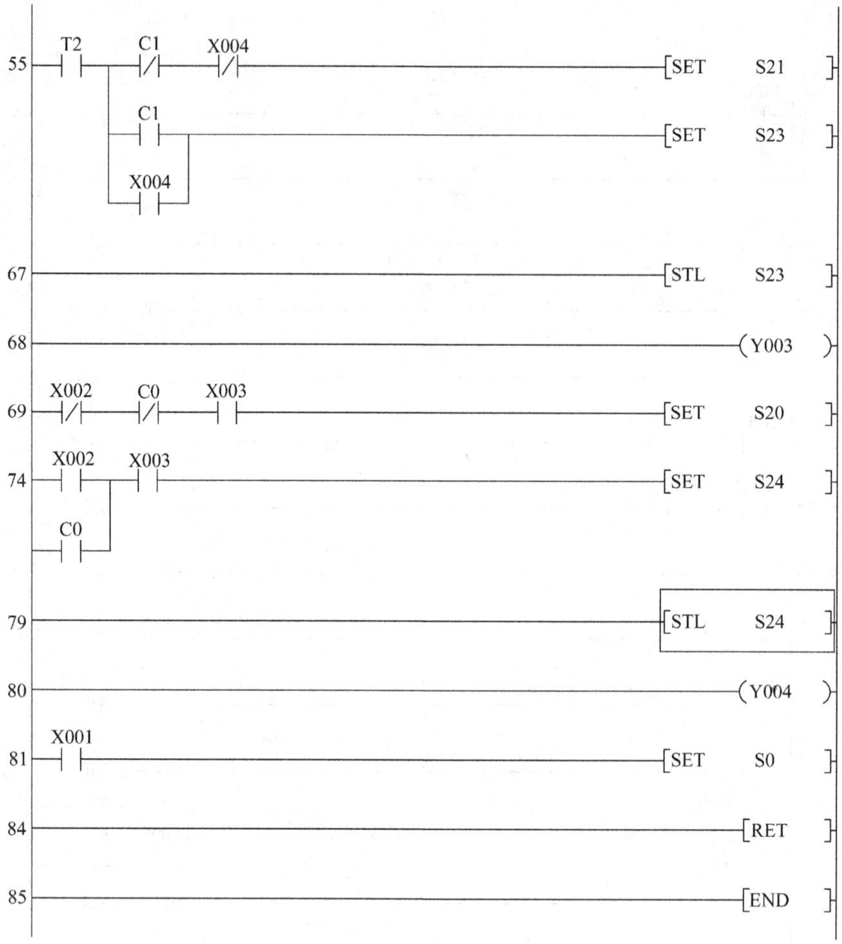

图 5-24 龙门刨床控制程序梯形图（续）

2. 参数设定

按工作台运行要求进行变频器参数设定，见表 5-12。

表 5-12 龙门刨运行变频器参数设定

功能代码	名称	设定数据
F01	频率设定 1	10
F02	运行操作	1
F03	最高输出频率 1	50Hz
F04	基本频率 1	50Hz
F05	额定电压	380V
F06	最高输出电压	380V
F07	加速时间 1	3s
F08	减速时间 1	3s
F09	转矩提升 1	8
F10	电子热继电器 1	1

（续）

功能代码	名称	设定数据
F11	电子热继电器 OL 设定值 1	123.2A
F12	电子热继电器热常数 t1	0.5min
F15	频率限制（上限）	50Hz
F16	频率限制（下限）	3Hz
F23	起动频率	5Hz
F24	保持频率时间	0.3s
C05	多步频率设定 1	15Hz
C06	多步频率设定 2	45Hz
C07	多步频率设定 3	10Hz
C08	多步频率设定 4	50Hz
C09	多步频率设定 5	15Hz
C10	多步频率设定 6	0Hz
C11	多步频率设定 7	0Hz
C21	程序运行	0
C22	程序步 1	8.0F1
C23	程序步 2	15.0F1
C24	程序步 3	8.0F1
C25	程序步 4	13.0R1
C26	程序步 5	8.0R1
C27	程序步 6	0.00F1
C28	程序步 7	0.00F1
P01	电动机 1（极数）	4 极
P02	电动机 1（功率）	55kW
P03	电动机 1（额定电流）	112A

三、龙门刨床控制系统的安装调试

1）首先将主、控电路按图 5-22 进行连线，并与实际操作中情况相结合。

2）经检查无误后方可通电。在通电后不要急于运行，应先检查各电气设备的连接是否正常，然后进行单一设备的逐个调试。

3）按照系统要求进行变频器参数的设置。

4）按照系统要求进行 PLC 程序的编写并传入 PLC 内，并进行模拟运行调试，观察输入和输出点是否和要求一致。

5）对整个系统进行统一调试，包括安全和运行情况的稳定性。

6）当 X1 和 X3 接通时，Y0 输出，表示在原点。此时即可按下 SB1 起动。电动机将按照所设定好的程序运行。

7）按下停止按钮 SB2 停止运行。

注意：

1）线路必须检查清楚才能通电。

2）在系统运行调整中要有准确的运行记录，运行是否平稳。

3）对运行中出现的故障现象能够准确地描述分析。

4）在运行过程中如遇到停止，则再次起动变频器将按停止前状态继续运行，如要从头开始则需对变频器进行复位。

5）由于龙门刨床是大型加工设备，所以严禁误操作，注意设备及人身安全。

第六节　恒压供水控制系统

一、水泵供水的基础知识

1. 供水系统的基本模型

如图 5-25 所示为一生活小区供水系统的基本模型，水泵将水池中的水抽出并上扬至所需高度，以便向生活小区供水。

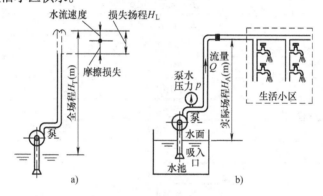

图 5-25　供水系统的基本模型

a）全扬程的概念　b）基本模型

2. 供水系统的主要参数

（1）流量　是指泵在单位时间内所抽送液体的数量，常用的流量是体积流量，用 Q 表示。

（2）扬程　是指单位质量的液体通过泵后所获得的能量。扬程主要包括三个方面：

1）提高水位所需的能量。

2）克服水在管路中流动阻力所需的能量。

3）使水流具有一定的流速所需的能量。

通常用所抽送液体的液柱高度 H 表示，其单位是 m，习惯上常将水从一个位置上扬到另一个位置时水位的变化量（即对应的水位差）来代表扬程。

（3）全扬程　全扬程也叫做总扬程，是表征水泵泵水能力的物理量，包括把水从水池的水面上扬到最高水位所需的能量、克服管阻所需的能量和保持流速所需的能量，符号是 H_T。其在数值上等于在没有管阻，也不计流速的情况下，水泵能够上扬水的最大高度，如图 5-25a 所示。

（4）实际扬程　实际扬程是指通过水泵实际提高水位所需的能量，符号是 H_A　在不计损失和流速的情况下，其主体部分正比于实际的最高水位与水池水面之间的水位差，如图 5-25b 所示。

（5）损失扬程　全扬程与实际扬程之差，即为损失扬程，符号是 H_L。H_T、H_A、H_L 三者之间的关系是

$$H_T = H_A + H_L$$

（6）管阻　表示管道系统（包括水管、阀门等）对水流阻力的物理量，符号是 P。其大小在静态时主要取决于管路的结构和所处的位置，而在动态情况下，还与供水流量和用水流量之间的平衡情况有关。

3. 供水系统的特性与工作点

（1）供水系统的特性

1）扬程特性。扬程特性即水泵的特性。在管路中阀门全部打开的情况下，全扬程 H_T 随流量 Q_U 变化的曲线 $H_T = f(Q_U)$，称为扬程特性。如图 5-26 所示，图中，A_1 点是流量较小（等于 Q_1）时的情形，这时全扬程较大为 H_{T1}，A_2 点是流量较大（等于 Q_2）时的情形，这时全扬程较小为 H_{T2}。这表明用户用水越多（流量越大），管道中的摩擦损失以及保持一定的流速所需的能量也越大，故供水系统的全扬程就越小，流量的大小取决于用户。因此，扬程特性反映了用户的用水需求对全扬程的影响。

2）管阻（路）特性。管阻（路）特性反映为了维持一定的流量而必须克服管阻所需的能量。它与阀门的开度有关，实际上是表明当阀门开度一定时，为了提高一定流量的水所需要的扬程。因此，这里的流量表示供水流量，用 Q_G 表示，所以管阻特性的函数关系是 $H_T = f(Q_G)$，如图 5-27 所示。显然，当全扬程不大于实际扬程（$H_T < H_A$）时，是不可能供水（$Q_G = 0$）的。因此，实际扬程也是能够供水的"基本扬程"。在实际的供水管路中流量具有连续性，并不存在供水流量与用水流量的差别，这里的流量是为了便于说明供水能力和用水需求之间的关系而假设的量。

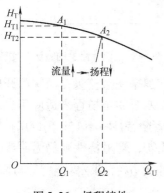

图 5-26　扬程特性

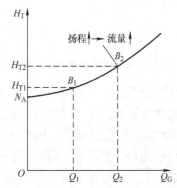

图 5-27　管阻（路）特性

从图 5-27 中可以看出，在供水流量较小（$Q_G = Q_1$）时，所需量程也较小（$H_T = H_{T1}$），如 B_1 点；反之，在供水量较大（$Q_G = Q_2$）时，所需量程也较大（$H_T = H_{T1}$），如 B_2 点。

（2）供水系统的工作点与供水功率

1）工作点。扬程特性曲线和管阻特性曲线的交点，称为供水系统的工作点，如图 5-28 中的 A 点所示。在这一点，系统既要满足扬程特性曲线①，也要符合管阻特性曲线②，供水

系统才处于平衡状态，系统稳定运行。若阀门开度为100%，转速也为100%，则系统处于额定状态，这时的工作点称为额定工作点，或称为自然工作点。

2）供水功率。供水系统向用户供水时，电动机所消耗的功率 P_G（kW）称为供水功率，供水功率与流程 Q 和扬程 H_T 的乘积成正比，即

$$P_G = G_P H_T Q$$

式中　G_P——比例常数。

由图5-28可以看出，供水系统的额定功率与面积 $ODAC$ 成正比。

4. 节能原理分析

（1）调节流量的方法　在供水系统中，最根本的控制对象是流量。因此，要研究节能问题必须从考虑如何调节流量入手。最常见的方法有阀门控制法和转速控制法两种。

1）阀门控制法。即通过调整阀门的大小来调节流量，即转速保持不变，通常为额定转速。阀门控制法的实质是：水泵本身的供水能力不变，而是通过改变水路中的阻力大小改变供水能力，以适应用户对流量的需求。这时管阻特性将随阀门开度的大小而改变，但扬程特性不变。如图5-29所示，设用户所需流量从 Q_A 减小到 Q_B，当通过关小阀门来实现时，管阻特性曲线②则改变为曲线③，而扬程特性仍为曲线①，故供水的工作点由 A 点移至 B 点，这时流量减少，但扬程却从 H_{TA} 增大到 H_{TB}，由公式 $P_G = G_P H_T Q$ 可知，供水功率 P_G 与面积 $OEBF$ 成正比。

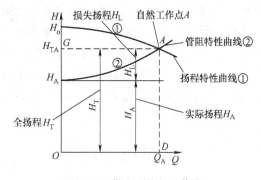

图5-28　供水系统的工作点

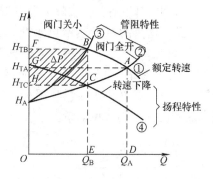

图5-29　调节流量的方法与比较

2）转速控制法。转速控制法就是通过改变水泵的转速来调节流量，而阀门开度则保持不变（通常为最大开度）。转速控制法的实质是通过改变水泵的全扬程来适应用户对流量的要求。当水泵的转速改变时，扬程特性将随之改变，而管阻特性将不变。仍以用户所需流量 Q_A 减为 Q_B 为例，当转速下降时，扬程特性下降为曲线④，管阻特性则仍为曲线②，故工作点移至 C 点，可见在流量减小为 Q_B 的同时，扬程减小为 H_{TC}，供水功率 P_G 与面积 $OECH$ 成正比。

（2）转速控制法的节能效果

1）供水功率的比较。比较上述两种调节流量的方法，可以看出在所需流量小于额定流量的情况下，转速控制时扬程比阀门控制时小得多，所以转速控制方式所需的供水功率比阀门控制方式小很多。图5-29所示中 $CBFH$ 阴影部分的面积即表示为两者供水之差 ΔP，也就是转速控制方式节约的供水功率，它与 $CBFH$ 面积成正比，这是采用调速供水系统具有节能效果的最基本方面。

2）从水泵的工作效率看节能：

① 工作效率的定义：水泵的供水功率 P_G 与轴功率 P_P 之比，即为水泵的工作效率 η_P，即

$$\eta_P = P_G/P_P$$

式中　P_P——水泵的轴功率，是指水泵的输入功率（电动机的输出功率）或是水泵的取用功率；

　　　　P_G——水泵的供水功率，是根据实际供水扬程和流量算得的功率，是供水系统的输出功率。

因此，这里所说的水泵工作效率，实际上包含了水泵本身的效率和供水系统的效率。

② 水泵工作效率的近似计算公式：水泵工作效率相对值 η^* 的近似计算公式为

$$\eta_P^* = C_1(Q^*/n^*) - C_2(Q^*/n^*)^2$$

式中　η_P^*、Q^*、n^*——效率、流量和转速的相对值（即实际值与额定值之比的百分数）；

　　　　C_1、C_2——常数，由制造厂提供；C_1 与 C_2 之间通常遵守如下规律：$C_1 - C_2 = 1$；它表明水泵的工作效率主要取决于流量与转速之比。

③ 不同控制方式下的工作效率：上式可知，当通过关小阀门来减少流量时，由于转速不变，$n^* = 1$，比值 $Q^*/n^* = Q^*$，其效率曲线如图 5-30 中的曲线①所示。当流量 $Q^* = 60\%$ 时，其效率将降至 B 点。可见，随着流量的减少，水泵工作效率的降低是十分明显的。而在控制方式下，由于阀门开度不变的情况下，流量 Q^* 与转速 n^* 是成正比的，比值 Q^*/n^* 不变。其效率曲线如图 5-30 中的曲线 2 所示。当流量 $Q^* = 60\%$ 时，效率由 C 点决定，它和 $Q^* = 100\%$ 时的效率（A 点）是相等的。也就是说，采用转速控制方式时，水泵的

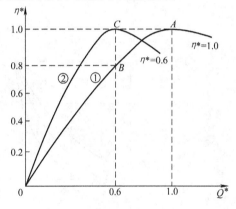

图 5-30　水泵的效率曲线

工作效率总是处于最佳状态。所以，转速控制方式与阀门控制方式相比，水泵的工作效率要大得多，这是采用变频调速供水系统具有节能效果的第二方面。

（3）从电动机的效率看节能效果　水泵厂在生产水泵时，由于：

1）对用户的管路情况无法预测。

2）管阻特性难以准确计算。

3）必须采用对用户的需求留有足够余量等原因，在决定额定扬程和额定流量时，通常余量也比较大。所以在实际运行过程中，即使在用水量的高峰期，电动机也常常并不处于满载状态，其功率因数和效率都比较低。

采用了转速控制方式以后，可将排水阀完全打开而适当降低转速，由于电动机在低频运行时，变频器的输出电压也将降低，从而提高电动机的工作效率，这是变频调速供水系统具有节能效果的第三个方面。

综合起来，水泵的轴功率与流量间的关系如图 5-31 所示。图中，曲线①是调节阀门开度时的功率曲线，当流量 $Q^* = 60\%$ 时，所消耗的功率由 C 点决定。由图可知，与调节阀门开度相比，调节转速时所节约的功率 ΔP 是相当可观的。

（4）二次方律负载实现调速后如何获得最佳节能效果　如图5-32所示，曲线0是二次方律负载的机械特性。曲线1是电动机在 U/f 控制方式下转矩补偿为0（电压调节比 K_u ＝频率调节比 K_f）时的有效转矩曲线，与图5-32中的曲线1对应。当转速为 n_x 时，由曲线0可知，负载转矩为 T_{LX}，由曲线1可知，电动机的有效转矩为 T_{MX}。

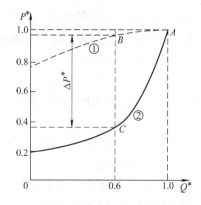

图5-31　水泵的轴功率与流量间的关系

很明显，即使转矩补偿为0，在低频运行时，电动机的转矩与负载转矩相比，仍有较大的余量，这说明该拖动系统还有相当大的节能余量。

为此变频器设置了若干低频 U/f（$k_u < k_f$）线，如图5-32b中由曲线01和曲线02所示，与此对应的有效转矩曲线如图5-32a中的曲线01和曲线02所示。但在选择低 U/f（$k_u < k_f$）线时，有时也会发生难起动的问题，如图5-32a中的曲线01和曲线02相交于 S 点所示，显然在 S 点以下，拖动系统不能起动，可采取以下对策。

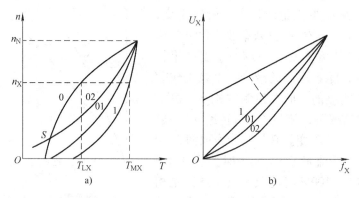

图5-32　电动机的有效转矩与低频 U/f 曲线

a）有效转矩与二次方律负载　b）低频 U/f 曲线

1）U/f 线选用曲线01。

2）适当加大起动频率，以避免死点区域。

应当注意的是，几乎所有变频器在出厂时都将 U/f 线设定在具有一定补偿量的情况下（$U/f > 1$）。如果用户未经功能预置，直接接上水泵或风机运行，节能效果就不明显了。个别情况下，甚至会出现低频运行时的励磁电流过大而跳闸。

5. 变频器恒压供水调速系统的构成

这里是利用 PLC 控电器组来达到变频与工频之间的切换。恒压供水系统为闭环控制系统，其工作原理为：供水压力通过传感器采集给系统，再通过变频器的 A/D 转换模块将模拟量转换成数字量；同时，变频器的 A/D 转换模块将压力设定值转换成数值量，两个数据同时经过 PID 控制模块进行比较，PID 控制模块根据变频器的参数设置，进行数据处理，并将数据处理的结果以运行频率的形式控制输出。PID 控制模块具有比较和差分的功能，供水压力低于设定压力时，变频器就会将运行频率升高，相反则降低，并且可以根据压力变化的快慢进行差分调节。以负作用为例，如果压力在上升接近设定值的过程中，上升速度过快，PID 运算也会自动减少执行量，从而稳定压力，如图 5-33 所示。供水压力经 PID 调节后的输出量，通过交流接触器组进行切换控制水泵的电动机。在水网中的用水量增大时，会出一台"变频泵"效率不够的情况，这时就需要其他的水泵以工频的形式参与供水，交流接触器组就负责水泵的切换工作情况，由 PLC 控制各个接触器是工频供电还是变频供电，并按需要选择水泵的运行情况。

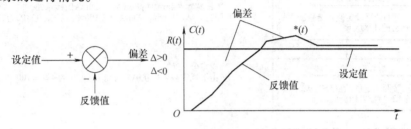

图 5-33　PID 控制原理

二、恒压供水系统的控制要求

利用 PLC 和变频器来实现恒压供水系统的自动控制，现场压力信号的采集由压力传感器完成。整个系统可由微机利用工控组态软件进行实时监控。其结构组成如图 5-34 所示。

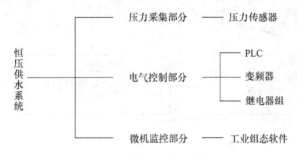

图 5-34　控制系统的结构组成

三、恒压供水系统的设计内容

1. 变频器的 PID 设定

在 PID 控制下，使用一个标准输出信号 4 ~ 20mA，量程范围 0 ~ 0.5MPa 的传感器作为反馈信号与变频器的给定信号进行比较来调节水泵的供水压力，设定值通过变频器的 12 和 11 端子（0 ~ 10V）给定。变频器的 PID 参数设置流程如图 5-35 所示。

如需要校准给定信号（0 ~ 10V）或校准反馈传感器输出信号（4 ~ 20mA）与对应频率输出信号（0 ~ 50Hz）是否一一对应，可将 F01 频率设定 1 设定为"1"电压输入或"2"电流输入，观察 LED 监视窗的运行频率和输入电压电流值是否一致。

2. PLC 程序设计

PLC 的作用是控制交流接触器组进行工频—变频的切换和水泵工作数量的调整。由操作步骤中主电路的接线图可以看出，交流接触器组中的 KM0 与 KM1 分别控制 1#水泵电动机的变频运行和工频运行，而 KM2 和 KM3 则控制 2#水泵电动机的变频与工频，KM4 与 KM5 控制 3#水泵电动机的变频起动，考虑到操作的安全，没有把 3#水泵电动机的工频运行连接，即没有实现三台水泵同时工频运行。用户可结合实际生产工艺使用的要求，实行三台泵的全工频运行。本项目的运行要求如下：

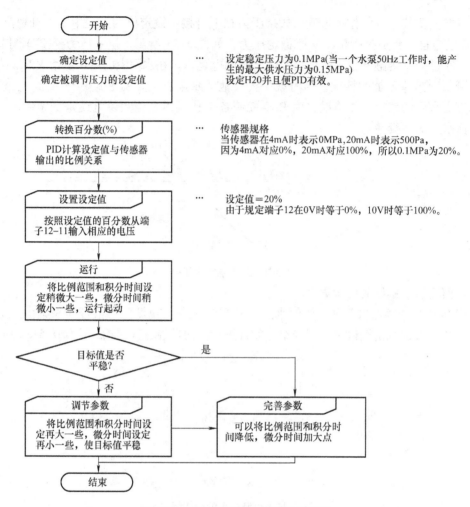

图 5-35 变频器的 PID 参数设置流程

系统起动时，KM0 闭合，1#水泵电动机以变频方式运行。

当变频器的运行频率超出设定值时输出一个上限信号，PLC 通过这个上限信号后将 1# 水泵电动机由变频运行转为工频运行，KM0 断开 KM1 吸合，同时 KM2 吸合变频起动 2# 水泵电动机。

如果再次接收到变频器上限输出信号，则 KM2 断开 KM3 吸合，2#水泵电动机由变频转为工频，同时 KM4 闭合 3#水泵电动机变频运行。如果变频器频率偏低，即压力过高，输出的下限信号使 PLC 关闭 KM4，KM3，开启 KM2，2#水泵电动机变频起动。

再次收到下限信号就关闭 KM2、KM1，吸合 KM0，只剩 1#水泵电动机变频工作。

这段 PLC 程序还包含一个软保护程序，防止组态软件由于操作不当，使 KM0 与 KM1 或 KM2 与 KM3 同时闭合，损坏变频器。变频器的运转输出由 Y20 控制。PLC 程序流程图如图 5-36 所示。

3. 电路连接

根据系统结构进行主电路和控制电路的连线。

1）主电路的连接如图 5-37 所示。

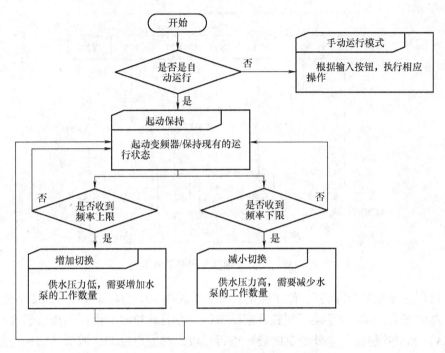

图 5-36 PLC 程序流程图

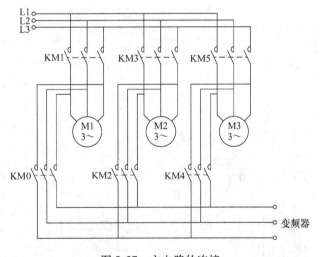

图 5-37 主电路的连接

2）交流接触器控制电路的连接如图 5-38 所示，即 Y21 ~ Y26 分别控制继电器 KM0 ~ KM5，KM0 与 KM1、KM2 与 KM3、KM4 与 KM5 之间分别互锁，防止它们同时闭合使变频器输出端接入电源。

3）变频器控制电路的连接如图 5-39 所示。变频器起动运行靠 PLC 的 Y0 控制，频率检测的上/下限信号分别通过变频器的输出端子功能 E21（Y2）、E22（Y3）输出至 PLC 的 X6、X7 输入端。变频器 X2 输入端为手/自动切换调整时 PID 命令的取消，由 PLC 的输出端 Y6 供给信号。总报警输出连接与 PLC 的 X5 与 COM 端，当系统故障发生时输出接点信号给

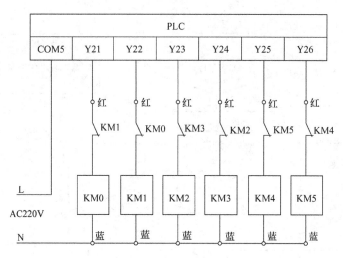

图 5-38　交流接触器控制电路的连接

PLC，由 PLC 立即控制 Y0 断开，停止输出。PLC 输入端 SB1 为起动按钮，SB2 为停止按钮，SB3 为手自动切换，SB4 为手动下变频器起动按钮，在自动控制时由压力传感器发出的信号（4～20mA）和被控制信号（外给定信号）进行比较，然后通过 PID 调节输出一个频率可变的信号改变供水量的大小，从而改变了压力的高低，实现了恒压供水控制。

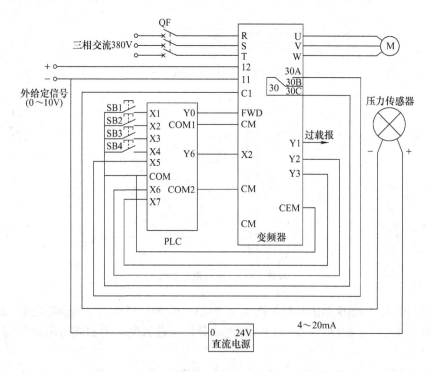

图 5-39　变频器控制电路的连接

4. 参数设置及含义详解

（1）参数设置根据系统控制要求进行变频器参数设置见表 5-13。

表 5-13 恒压供水控制参数的设定

功能代码	名称	设定数据
F01	频率设定 1	1
F02	运行操作	1
F03	最高输出频率 1	50Hz
F04	基本频率 1	50Hz
F05	额定电压	380V
F06	最高输出电压	380V
F07	加速时间 1	3s
F08	减速时间 1	3s
F09	转矩提升 1	0.5
F10	电子热继电器 1	1
F11	电子热继电器 OL 设定值 1	19.8A
F12	电子热继电器热常数 t1	0.5min
F36	总报警输出	0
E02	X2 端子功能 PID 控制取消	20
E21	Y2 端子输出功能频率检测 1	2
E22	Y3 端子输出功能频率检测 2	31
E31	频率检测 1 的设定频率值	50Hz
E32	频率检测的频率滞后值	0Hz
E36	频率检测 2 的设定频率值	1Hz
E40	显示系数 A	50Hz
E41	显示系数 B	0Hz
H20	PID 控制选择	1
H21	PID 反馈选择	1
H22	PID 增益控制	1.00
H23	PID 积分时间	3s
H24	PID 微分时间	2s
H25	PID 反馈滤波器	5s
P01	电动机 1（极数）	2 极
P02	电动机 1（功率）	7.5kW
P03	电动机 1（额定电流）	18A

（2）部分参数含义详解

1）F36 总报警输出（30Ry 动作模式）。此参数为选择总报警输出继电器（30Ry）正常时动作，还是异常时动作的动作模式。动作模式见表 5-14。

表 5-14 动作模式

设定值	动作内容
0	正常时 30A - 30C：OFF，30B - 30C：ON 异常时 30A - 30C：ON，30B - 30C：OFF
1	正常时 30A - 30C：ON，30B - 30C：OFF 异常时 30A - 30C：OFF，30B - 30C：ON

当设定值为 1 时，接点 30A - 30C 在变频器控制电
源建立（电源投入约 1s）后闭合（ON）。电源关闭时，
30A - 30C 之间 OFF，30B - 30C 之间 ON，如图 5-40 所
示。

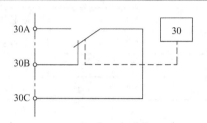

图 5-40 报警输出继电器的动作模式

2）E31 频率检测 1（频率值）。此参数为设定输出
频率的动作（检测）值。当输出频率超过设定的动作
值时，由端子（Y1 ~ Y5）选择输出 ON 信号。端子是
否输出 ON 信号和 E32 频率检测的（滞后值）有关。

设定范围为 G11S：0 ~ 400Hz，P11S：0 ~ 120Hz。

3）E32 频率检测（滞后值）。此参数为决定输出频率的动作值是否动作的上下滞后
幅值。

设定范围为 0.0 ~ 30.0Hz。

参数 E31、E32 的含义如图 5-41
所示。

4）E36 频率检测 2（频率值）。此参
数与 E31 频率检测 1 含义相同和 E32 频率
检测滞后值配合使用。

四、恒压供水系统的安装调试

1）首先将主、控电路按图 5-37 ~ 图
5-39 进行连线，并与实际操作相结合。

2）经检查无误后方可通电，在通电
后不要急于运行，应先检查各电气设备的

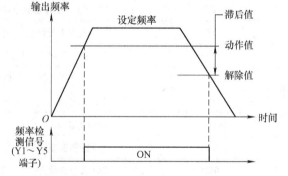

图 5-41 频率检测参数 E31、F32 的含义

连接是否正常，然后进行单一设备的逐个调试。

3）按照系统要求进行变频器参数的设置，并手动运行调试直到正常。在系统手动状态
下，则可通过"KM0 ~ KM5"和"变频器起动"按键对系统进行手动调节控制。

4）按照系统要求进行 PLC 程序的编写并传入 PLC 内，在手动状态下进行模拟运行与调
试，观察输入和输出点是否和要求一致。

5）和微机连接构成通信，由以组好态的恒压供水软件画面进行监视和调控。

6）对整个系统进行统一调试，包括安全和运行情况的稳定性，观察恒压的控制效果，
如稳定性不是太好，可根据实际情况按照参数原理要求进行 PID 参数的整定，直到系统能够
在自动控制下稳定运行。

7）在系统正常及自动控制状态下，按下起动按钮，系统开始自动运行，向用户供水。

根据用户用量的多少，由压力变送器时刻感受压力的高低并传递给变频器进行变频调速，以实现压力的相对恒定。当达到压力的上下限时，由变频器检测信号检出并传送给 PLC，从而进行电动机的变频及工频切换，由此可实现用户用水压力的恒定。

8）当有故障发生时，总报警输出并停止运行，也可手动按下停止按钮停止运行。

注意：

1）线路必须检查清楚才能通电。

2）要有准确的实训记录，包括变频器 PID 参数及其对应的系统峰值时间和稳定时间。

3）对运行中出现的故障现象能够准确地进行描述分析。

4）不能使变频器的输出电压和工频电压同时施加于同一台电动机，否则会损坏变频器。

第七节　离心机变频控制系统

在工业控制中离心机应用非常广泛，离心机利用离心力的原理，将液体与固体颗粒分开；或将液体与液体的混合物分开；或将固体中的液体排除甩干；或将固体按密度不同分级。离心机大量应用于石油、化工、制药、食品、选矿、煤炭、水处理、纺织等行业。

一、离心机基础知识

离心机有一个绕本身轴线高速旋转的圆筒，称为转鼓。通常由电动机驱动转鼓，悬浮液进入转鼓后与转鼓同速旋转，在离心力作用下分离，并分别排出。通常情况下，转鼓转速越高，分离效果也越好。离心分离机的原理有离心过滤和离心沉降两种。离心过滤是使悬浮液在离心力的作用下，使液体通过过滤介质成为滤液，而固体颗粒被截留在过滤介质表面，从而实现液－固分离；离心沉降是将悬浮液密度不同的成分，在离心力场中迅速沉降分层，实现液－固（或液－液）分离。离心机的分类如下：

（1）按物料在离心力场中所受的离心力，与物料在重力场中所受到的重力之比值划分　可将离心机分为以下几种类型：

1）常速离心机：这种离心机的转速较低，直径较大。

2）高速离心机：这种离心机的转速较高，一般转鼓直径较小，而长度较长。

3）超高速离心机：由于转速很高（50000r/min 以上），所以转鼓做成细长管式。

（2）按操作方式划分　可将离心机分为以下类型：

1）间隙式离心机：其加料、分离、洗涤和卸渣等过程都是间隙操作，并采用人工、重力或机械方法卸渣，如三足式和上悬式离心机。

2）连续式离心机：其进料、分离、洗涤和卸渣等过程，有间隙自动进行和连续自动进行两种。

（3）按卸渣方式划分　可将离心机分为刮刀卸料离心机、活塞推料离心机、螺旋卸料离心机、离心力卸料离心机、振动卸料离心机和颠动卸料离心机。

（4）按工艺用途划分　可将离心机分为过滤式离心机、沉降式离心机、离心分离机。

（5）按安装的方式划分　可将离心机分为立式、卧式、倾斜式、上悬式和三足式等。

从分离机械的发展来看，数字交流变频器将替代原来的电磁调速、直流调速、液力偶合调速、多速电动机，而逐步成为分离机械的主要驱动装置。变频器驱动离心机的转鼓，起动平稳，分离因数可调；彻底克服了传统直流电刷式离心机噪声大、故障率高、使用寿命短、转速不稳定等缺点，是重力沉降分离设备更新换代产品。

二、离心机变频控制系统的设计要求

在水泥厂的电杆成型控制过程中，电动机带动钢模旋转产生的离心力，混凝土远离旋转中心产生沉降，并分布于杆模四周；当速度继续升高时，离心力使混凝土混合物中的各种材料颗粒沿离心力的方向挤向杆壁四周均匀密实成型。电杆离心成型的工艺步骤分为三步：低速阶段，使混凝土分布于钢模内壁四周；中速阶段，防止离心过程混凝土结构受到破坏，向

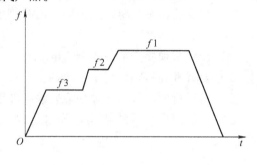

图 5-42　离心机各阶段速度运行曲线

高速阶段短时过渡；高速阶段，将混凝土沿离心力方向挤向内模壁四周，达到均匀密实成型，并排除多余水分。离心机各阶段速度运行曲线如图 5-42 所示。

具体控制要求如下：

1）按下合闸按钮，变频器电源接触器 KM 闭合，变频器通电；按下分闸按钮，变频器电源接触器 KM 断开，变频器断电。

2）操作工发出指令，PLC 发出指令，变频器由 0Hz 开始提速，提速至固定频率 20Hz 电动机低速运行。

3）电动机低速运行 2min 后，由 PLC 发出中速指令，变频器的固定频率改为 30Hz，电动机以中速运行。

4）电动机中速运行 0.5min 后，由 PLC 发出高速指令，变频器的固定频率改为 50Hz，电动机以高速运行，6min 工作过程结束。

三、离心机变频控制系统的操作步骤

1. 离心机的变频器控制

（1）变频器的选择　变频器的容量应大于负载所需的输出，变频器的容量不低于电动机的功率，变频器的电流大于电动机的电流。离心机是运转速度较高的大惯性负载，在停车时为防止因惯性产生回馈制动致使泵升电压过高，需要加入制动电阻，限制回馈电流，并且将斜坡下降时间设定长一些。

（2）变频器调试时需注意的问题

1）离心机负载起动转矩要求较高，起动非常困难，所以一定要将变频器的 U/f 优化设置成自动转矩提升。起动时如果因为瞬间起动电流过大而发生报警，可以通过电动机自辨识的方法来解决。

2）离心机惯性大，减速时如果出现过压报警，可以适当延长减速时间来解决。

2. 系统设计

根据系统控制要求进行 PLC、变频器设计，同时进行系统控制与接线。

1）PLC 的 I/O 接口分配，见表 5-15。

2）编写离心机控制系统 PLC 程序梯形图，如图 5-43 所示。

表 5-15　PLC 的 I/O 分配

输　　入			输　　出		
输入地址	元件	作用	输出地址	元件	作用
X0	SB1	主接触器通电	Y1	X1	低速运行
X1	SB2	主接触器断电	Y2	X2	中速运行
X2	SB3	操作起动	Y3	X3	高速运行
			Y4	FWD	正转运行起动
			Y0	KM	变频器接通

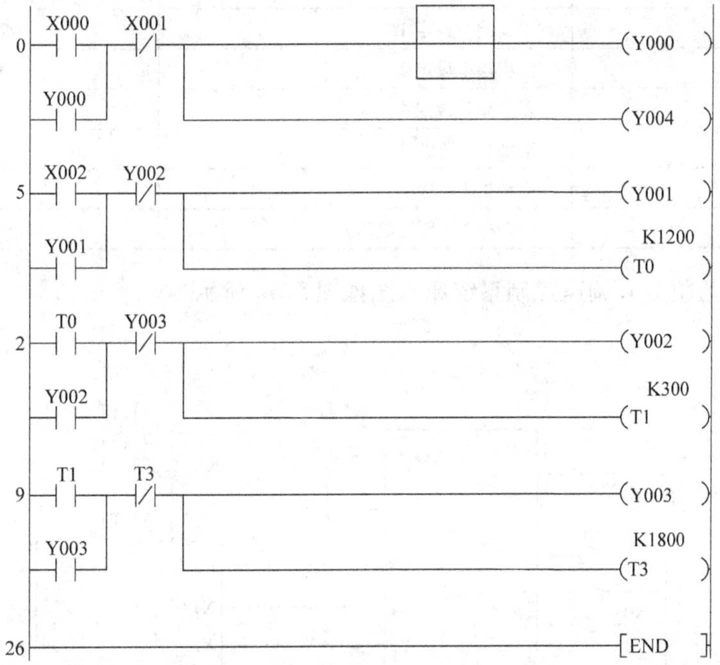

图 5-43　离心机控制系统 PLC 程序梯形图

3）对离心机控制系统变频器参数进行设置，见表 5-16。

表 5-16　离心机控制系统变频器参数进行设置

功能代码	名称	设定数据
F00	数据保护	0
F01	频率设定 1	0
F02	运行操作	1
F03	最高输出频率 1	50Hz
F04	基本频率 1	50Hz
F05	额定电压	380V
F06	最高输出电压	380V
F07	加速时间 1	6s

（续）

功能代码	名称	设定数据
F08	减速时间 1	20s
F09	转矩提升 1	0.5
F10	电子热继电器 1	1
F11	电子热继电器 OL 设定值 1	110%
F12	电子热继电器热常数 t1	2min
E01	X1 端子功能	0
E02	X2 端子功能	1
E03	X3 端子功能	2
C05	多步频率设定 1	20Hz
C06	多步频率设定 2	30Hz
C08	多步频率设定 4	50Hz
P01	电动机 1（极数）	4 极
P02	电动机 1（功率）	37kW
P03	电动机 1（额定电流）	93A

4）绘制离心机变频调速控制系统原理图如图 5-44 所示。

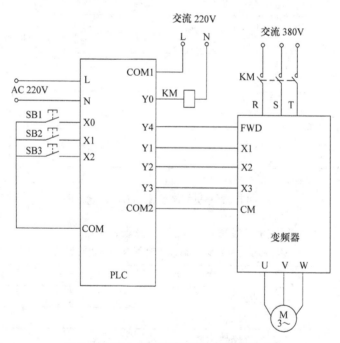

图 5-44　离心机变频调速控制系统原理图

3. 系统的安装接线及运行调试

1）将主、控制电路按图 5-44 进行连线，并与实际操作相结合。

2）经检查无误后方可通电，在通电后不要急于运行，应先检查各电气设备的连接是否正常，然后进行单一设备的逐个调试。

3）按照系统要求进行 PLC 程序的编写并传入 PLC 内，并进行模拟运行与调试，观察输入和输出点是否和要求一致。

4）按照系统要求进行变频器参数的设置。

5）对整个系统进行统一调试，包括安全和运行情况的稳定性。

6）在系统正常情况下，按下合闸按钮，就开始按照控制要求运行调试。根据程序调节模拟量输入，从而调节变频器控制离心机控制系统电动机的转速，从而实现离心机的变频调速自动控制。

注意：

1）线路必须检查清楚才能通电。

2）在系统运行调整中要有准确的运行记录，转速变化范围是否小，运行是否平稳，及节能效果是否满足要求。

3）对运行中出现的故障现象能够准确地进行描述与分析。

4）离心机不得长期超负荷运行，否则电动机和变频器将因过载而停止运行。

第八节　注塑机电气控制系统的 PLC、变频器改造

一、注塑机的工作原理

注塑机是塑料成型加工设备，在一个注塑成型周期中，包括预塑计量、注射充模、保压补缩、冷却定型等过程。

注塑机采用 PLC 和变频器配合可节省人力，提高了生产线的自动控制性能和稳定程度，并且设备的安全性能都得到了进一步提升，从而提高了生产效率和设备的使用寿命。

注塑机的结构示意图如图 5-45 所示。

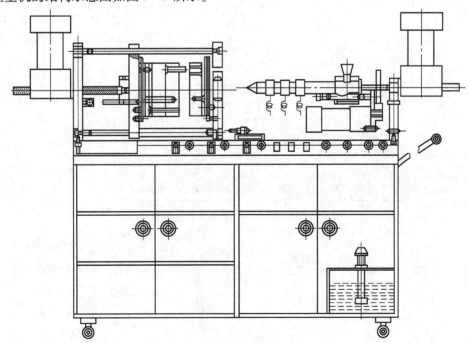

图 5-45　注塑机的结构示意图

注塑机的加热原理图如图 5-46 所示。注塑机的电气原理图和元器件位置图如图 5-47、图 5-48 所示。注塑机元器件明细见表 5-17。

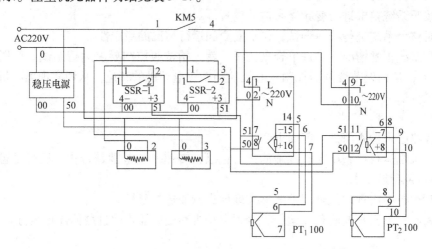

图 5-46　注塑机的加热原理图

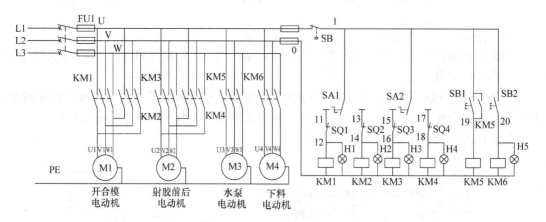

图 5-47　注塑机的电气原理图

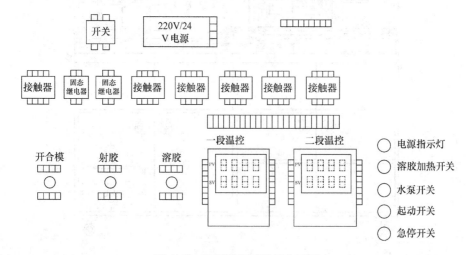

图 5-48　注塑机的元器件位置图

表 5-17　注塑机元器件明细

元器件代号	名称	型号	规格	数量
M1，M2，M3	电动机	Y5—7126—W	220V、1.5A、550W	3
M4	水泵电动机	AOB－25	90W、3000r/min	1
WDZ	稳压电源	S—50—09	220V/24V	1
KM	接触器	CJX—09	线圈 220V	6
SSR－25AA	固态继电器	JGX—1D 6090	输入 AC80～250V 输出 AC24～380V	2
QF	断路器	DZ47LE—63	C40	1
XM	温度显示仪	REX—C400	－50～600°C	2
SQ1～SQ4	接近开关	ALJ12A0—04	24V	4
SA1～SA2	旋转开关	A008375	单极 3 位 220V10A	2
SB	急停按钮	LAY377（PBC）	220V10A	1
HL	电源指示灯	ADRE—22DS23	AC220V	5

注塑机的工作过程如下：

（1）预塑计量　预塑计量是把固体颗粒料或粉料经过加热、输送、压实、剪切、混合、均化使物料从玻璃态经过粘弹态转变为粘流态。所谓"均化"是指熔体的温度均化、黏度均化、密度均化和物料组分均化，以及聚合物分子量分布的均化，此过程统称为塑化过程。

（2）注射充模　注射充模是螺杆在注射液压缸推力作用下，螺杆头部产生注射压力，将储料室中的熔体经过喷嘴、模具流道、浇口注入型腔。此过程是熔体向模腔高速流动的过程。

（3）保压补缩　当高温熔体充满模腔以后，就进入保压补缩阶段，一直持续到浇口冻封为止，以便获取致密品，即为保压补缩阶段。

保压阶段的特点是：熔体在高压下慢速流动，螺杆有微小的补缩位移，物料随冷却和密度增大使制品逐渐成型。在保压阶段，熔体流速很小，不起主导作用，而压力却是影响过程的主要因素，模腔中的熔体因冷却而得到补缩，模内压力和比容是不断地变化的。

（4）冷却定型　这一过程是使模内成型好的制品具有一定的刚性和强度，防止脱模时顶出变形。过早的脱模，会引起顶出变形，损伤制品；但过晚会增加成型周期。

二、注塑机电气控制系统设计改造要求

1）用 PLC 替代继电器接触器控制方式。

2）用变频器进行调速，替代机械调速。

3）用传感器作为感温和接近开关。

三、注塑机电气控制系统变频调速设计

1. 确定变频器控制方案

由上面的操作过程可以看到，传统的电气控制电路简便但是操作繁杂而且需要经过长时间的机械操作。针对电气控制电路的改造，根据操作要求及电能节约的方案考虑，采用变频器对注塑机进行自动控制。

具体控制内容为：

1）起动加热溶胶阶段：此时并伴有料仓冷却过程（水泵自动开启）。

2）等待5s后，模具开始合模，先快速50Hz合模，3s后，慢速20Hz锁模，直到合模限位接通，合模电动机停止工作。

3）当温度到达射胶温度（温度传感器触点接通），此时开始射胶；射台前移（先高速50Hz移动，3s后在慢速移动），当射台到位后，开始以40Hz转速向模具内射胶，5s后，以低速20Hz补胶保压；当到达射胶限位后，射胶电动机停止工作。

4）射胶结束，射台以40Hz速度后移，当到达限位后，开始溶胶下料，溶胶电动机以10Hz的速度后退下料，当到达溶胶限位时，溶胶下料电动机停止，但电加热继续，等待下一次射胶。

5）射胶结束，30s后当零件冷却结束，开模电动机先以30Hz的速度开模，3s后以低速15Hz开模，并由顶针顶出零件。当到达开模限位后，电动机停止。此为整个注塑周期结束。

说明：本注塑机也可根据实际情况进行手动控制和调整。手动时为了使设备安装调试方便，在此设计了一个双重功能（手自动切换和手动）按钮，即当按下手自动切换时，当前工步结束，按一次手动执行下一工步，按两次执行下下一个工步；依此类推。

2. 选择合适的变频器

根据电动机的功率选择变频器，选用富士FRN0.75G11S - 4CX 型变频器，功率0.75kW。

3. 设计变频器控制电路

变频器控制电路的连接如图5-49所示。

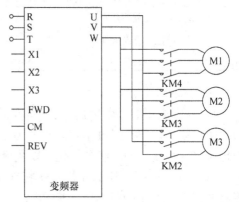

图5-49 变频器控制电路的连接

4. 变频器参数的设定

结合实际控制应用及要求，设定变频器的参数见表5-18。

表5-18 变频器参数的设定

功能代码	名称	设定数据
F00	数据保护	0
F01	频率设定1	0
F02	运行操作	1
F03	最高输出频率1	50Hz
F04	基本频率1	50Hz
F05	额定电压	380V
F06	最高输出电压	380V
F07	加速时间1	2s
F08	减速时间1	3s
F09	转矩提升1	0.4
F10	电子热继电器1	1
F11	电子热继电器 OL 设定值1	100%

（续）

功能代码	名称	设定数据
F12	电子热继电器热常数 t1	1min
E01	X1 端子功能	0
E02	X2 端子功能	1
E03	X3 端子功能	2
C05	多步频率设定 1	50Hz
C06	多步频率设定 2	20Hz
C07	多步频率设定 3	30Hz
C08	多步频率设定 4	40Hz
C09	多步频率设定 5	10Hz
C10	多步频率设定 6	15Hz
P01	电动机 1（极数）	4 极
P02	电动机 1（功率）	0.55kW
P03	电动机 1（额定电流）	1.5A

四、设计注塑机 PLC 电路及程序

1. 确定注塑机 PLC 控制方案

对于注塑机中无法进行自动控制的缺点，对操作员的长期操作易产生职业病的特点。选用 PLC 进行控制电路的自动化改造。控制方案如下：

（1）模具电动机正反转实现合模和开模

1）合模时，模具电动机先高速正转进行快速合模，当左模接近右模时，模具电动机转入低速运行进行合模。

2）合模结束时，为了做到准确停车，采用传感器控制继电器停止电动机工作。

3）开模时，模具电动机高速反转进行快速开模。

4）开模结束时，为了做到准确停车，采用传感器控制继电器停止电动机工作。

（2）注塑电动机正反转实现注料杆左右运行

1）注料杆左行时，注塑电动机先高速正转，注料杆快速下降，当注料杆接近挤压位置时，电动机转入低速运行，此时注料杆低速向左进行注塑挤压。

注料杆向左结束时，为了做到注料杆准确定位，通过从传感器获得的信号控制继电器来停止电动机工作。

2）注料杆上升时，注塑电动机高速反转，注料杆快速上升。

注料杆向右结束时，为了做到准确停车，用传感器控制继电器停止电动机动作。

（3）原材料的加热溶化和时间调整　同人工将一定量的塑料原料加入到料筒中，料筒中的塑料原料在加热器的作用下经过一段时间（大约 1min）加热后融化，此时即可将其挤入模具成型。注塑机可以对不同的原材料（例如：聚丙烯、聚氯乙烯、ABS 原料等）进行生产和加工，由于原材料的性质不同，所以加热溶化的时间长短也不一样。这就要求加热的

时间长短可以根据材料的性质不同进行调整。

（4）温度加热器的应用　温度加热器用于对原材料进行加热，温度的高低通过改变加热器两端的电压高低来实现，要求温度的高低可以调整。

（5）保模时间的调整　高温原材料挤入模具后，需要在模具中冷却一段时间，让其基本成型后才能打开模具，这一段时间为保模时间。由于产品的大小和原材料的性质不同，不同产品的保模时间有所不同，这就要求保模时间长短可以调整。

2. 分配 PLC 控制系统输入、输出地址

PLC 控制系统输入、输出地址的分配，见表 5-19。

表 5-19　I/O 分配

输入			输出		
名称	代号	输入点编号	输出点编号	代号	名称
起动按钮	SB1	X10	Y0	KA1	水泵电机接触器
停止按钮	SB2	X11	Y1	KA	电加热丝接触器
手自动切换按钮	SA1	X12	Y5	KM2	开合模电机接触器
开模限位	SQ6	X0	Y6	KM3	下料电机接触器
急停	SB	X1	Y7	KM4	射胶电机接触器
合模限位	SQ1	X2	Y10	X1	高速
温度检测节点	BL	X3	Y11	X2	中速
射台前限位	SQ2	X4	Y12	X3	低速
射胶限位	SQ3	X5	Y13	FWD	正转
射台后限位	SQ4	X6	Y14	REV	反转
熔胶下料限位	SQ5	X7	Y20	HL1	电源指示灯
手动 - 合模	SA2	X13	Y21	HL2	溶胶下料电动机
手动 - 开模	SA2	X14	Y22	HL3	加热指示灯
手动 - 溶胶	SA3	X15	Y23	HL4	射台 - 后退
手动 - 射台前进	SA4	X16	Y24	HL5	射台 - 前进
手动 - 射台后退	SA4	X17	Y25	HL6	合模
手动 - 高速	SB3	X20	Y26	HL7	开模
手动 - 中速	SB4	X21			
手动 - 低速	SB5	X22			
手动 - 正转	SB6	X23			
手动 - 反转	SB7	X24			
手动 - 下料电机按钮	SB8	X25			

3. 设计 PLC 控制系统电路原理图

PLC 控制系统电路原理图如图 5-50 所示。

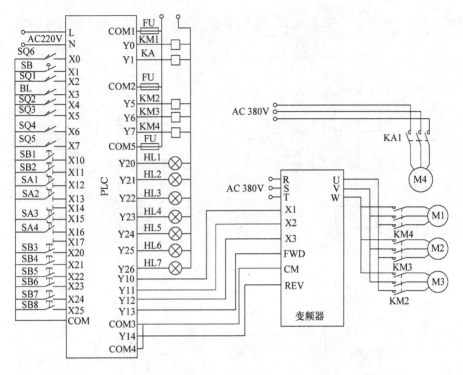

图 5-50　注塑机 PLC 控制系统电路原理图

4. 编制 PLC 控制程序

1）画出工作状态流程图，如图 5-51 所示。

2）编制 PLC 梯形图，如图 5-52 所示。

五、注塑机控制系统的安装与调试

利用 PLC、变频器对注塑机进行电气化改造，在设计好 PLC 的程序和设置变频器的参数之后，要对注塑机 PLC 控制系统进行安装与调试。

1. 确定电气控制元器件的布局

根据电气改造方案和选择的元器件画出布局图。其中，电气柜内元器件布局图如图5-53所示，电气柜面板上元器件布局图如图5-54所示。

2. 安装电气控制元器件、温度传感器和显示仪

（1）安装电气控制元器件　在控制板上按照元器件布局图安装走线槽和所有的元器件，并贴上醒目的文字符号。安装时，组合开关、熔断器的受电端子应安装在控制板的外侧；元器件排列要整齐、匀称，间距合理，且便于更换，紧固时用力要均匀，紧固程度要适当，要求做到既要使元器件安装牢固，又不使元器件损坏。

（2）安装温度传感器和显示仪　首先热电偶和热电阻的安装应尽可能保持垂直，以防止保护套管在高温下产生变形，但在有流速的情况下，则必须迎着被测介质的流向插入，以保证测温元件与流体的充分接触以保证其测量精度。另外，热电偶和热电阻应尽量安装在有保护层的管道内，以防止热量散失。其次，当热电偶和热电阻安装在负压管道中时，必须保证测量处的密封性，以防止外界冷空气进入，使读数偏低。当热电偶和热电阻安装在户外

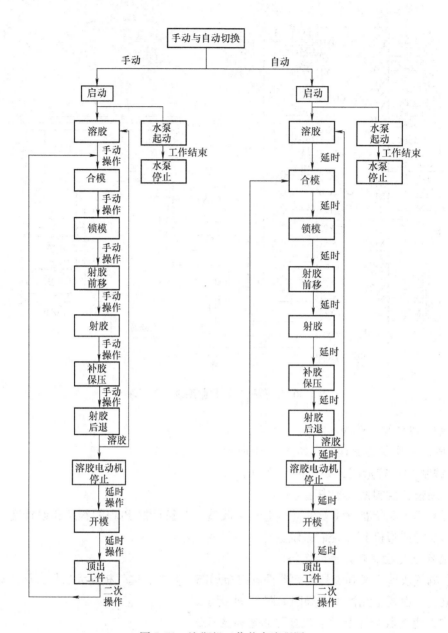

图 5-51　注塑机工作状态流程图

时，热电偶和热电阻的接线盒面盖应向上，入线口应向下，以避免雨水或灰尘进入接线盒，而损坏热电偶和热电阻接线盒内的接线进而影响其测量精度。另外，还要经常检查热电偶和热电阻温度计各处的接线情况，特别是热电偶温度计由于其补偿导线的材料硬度较高，非常容易和接线柱脱离造成断路故障，因此要接线良好不要过多碰动温度计的接线并经常检查，以获得正确的测量温度。

3. 连接 PLC、变频器电气控制电路

1）首先将主、控制电路按图 5-47 和绘制的接线图进行连线，并进行检查，注意与实际操作相结合。

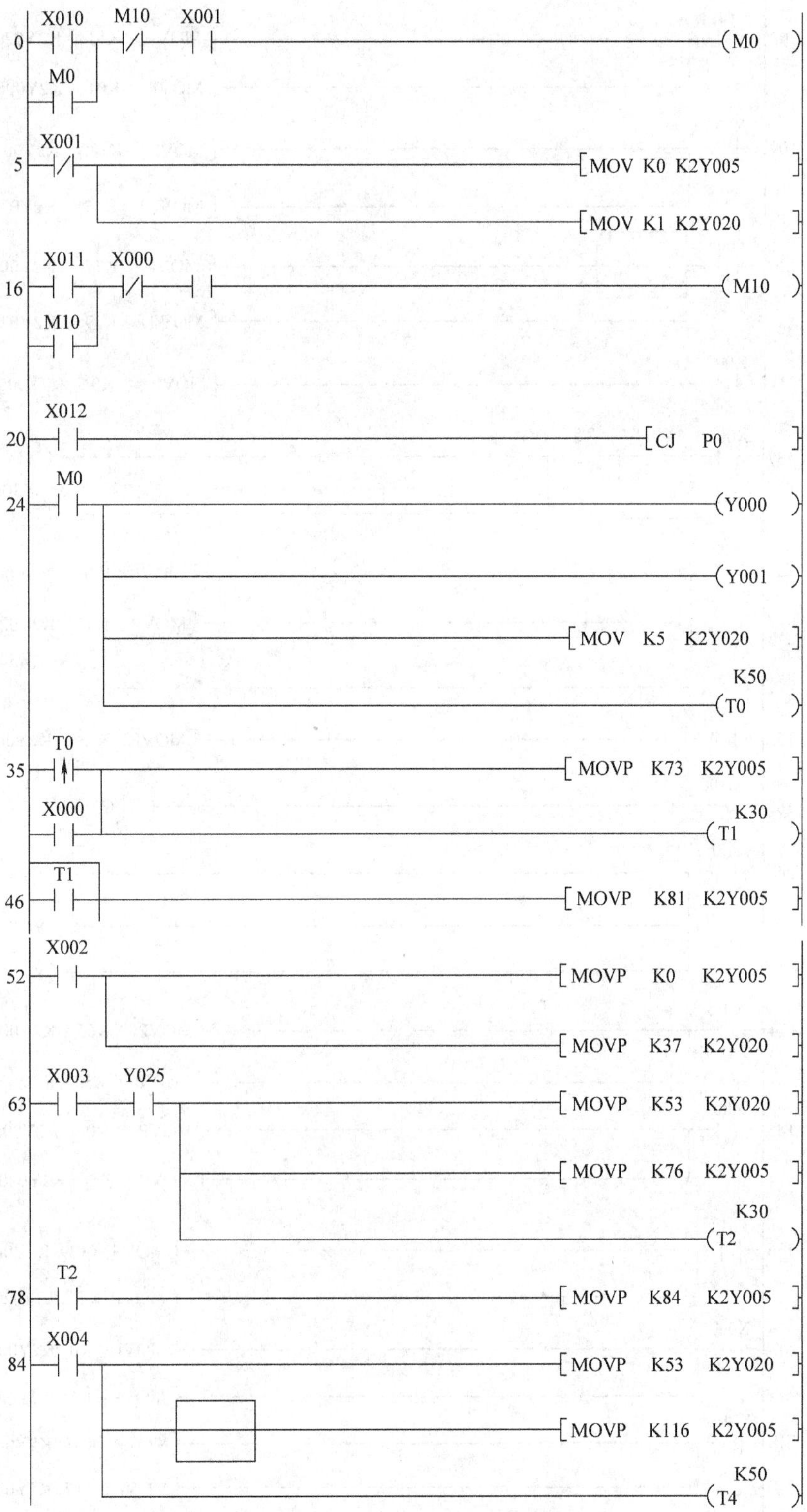

图 5-52 注塑机控制程序梯形图

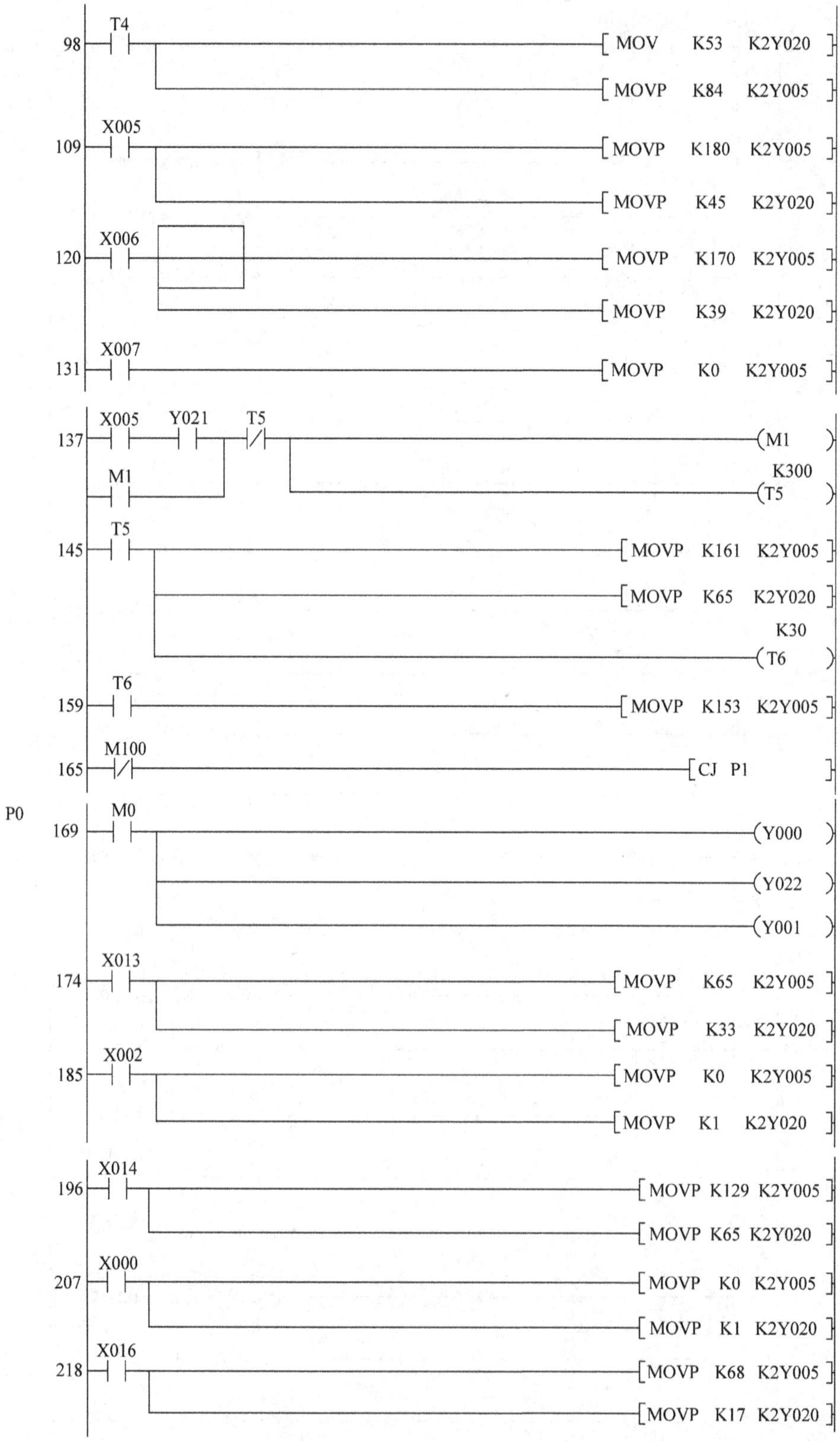

图 5-52 注塑机控制程序梯形图（续）

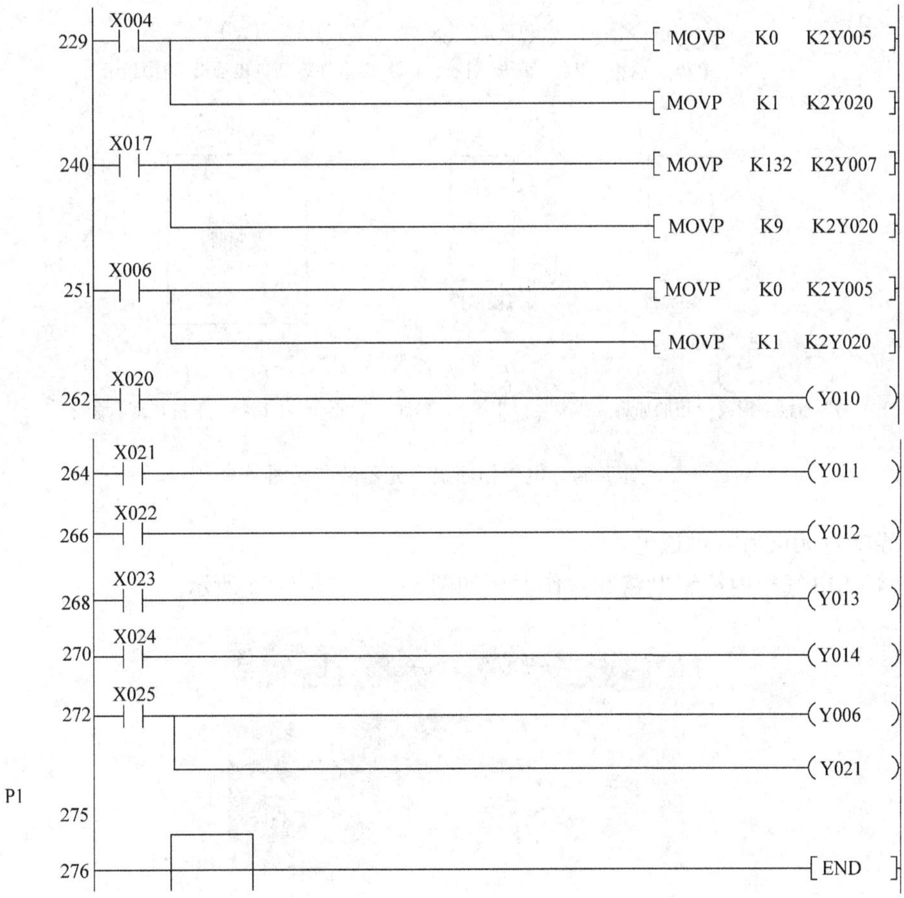

229
X004
MOVP K0 K2Y005
MOVP K1 K2Y020
240
X017
MOVP K132 K2Y007
MOVP K9 K2Y020
251
X006
MOVP K0 K2Y005
MOVP K1 K2Y020
262
X020
Y010
264
X021
Y011
266
X022
Y012
268
X023
Y013
270
X024
Y014
272
X025
Y006
Y021
P1
275
276
END

图 5-52　注塑机控制程序梯形图（续）

开关
24V 电源
交流接触器
交流接触器
交流接触器
固态继电器
固态继电器
PLC
24V 继电器
24V 继电器
24V 继电器
24V 继电器
24V 继电器

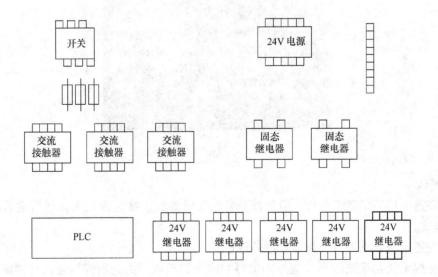

图 5-53　电气柜内元器件布局图

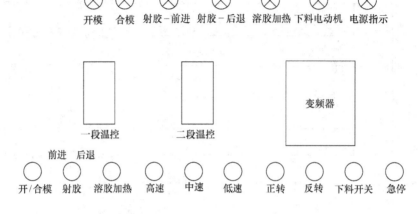

图 5-54　电气柜面板上元器件布局图

2）经检查无误后方可通电。

安装好的电气柜内控制电路和操作面板如图 5-55 和图 5-56 所示。

图 5-55　电气柜内控制电路

4. 调试

1）在通电后不要急于运行，应先检查各电气设备的连接是否正常，然后进行单一设备的逐个调试。

2）按照系统要求进行变频器参数的设置。

3）按照系统要求进行 PLC 程序的编写并传入 PLC 内，并进行模拟运行与调试，观察输入和输出点是否和要求一致。

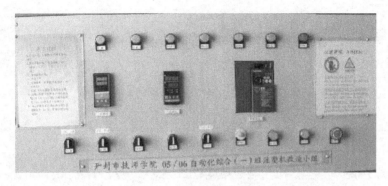

图 5-56　电气柜操作面板

4）对整个系统进行统一调试，包括安全和运行情况的稳定性。

5）在系统正常情况下，接通起动开关，注塑机就开始按照控制要求自动运行。根据程序由变频器控制注塑机上三台电动机的转速，以达到多段速控制的目的，从而实现注塑机的自动控制。

具体的调试包括整机调试、合模装置调试两部分。

① 整机调试：

a. 接通主电源，接通操纵箱上的主开关，并将操作方式选择开关置于点动或手动。先点动注塑机，检查液压泵的运转方向是否正确。

b. 空车时，手动操作机器空运转几次，观察指示灯、各种限位开关是否正确和灵敏。

c. 检查接触器、限位开关、总停按钮工作是否正常、可靠、灵敏。

d. 进行半自动操作试车和自动操作的试车，检查运转是否正常。

② 合模装置调试：

a. 将模具稳妥地安装在动模与定模之间，再根据塑件大小，调整好行程滑块，用以限制动模板的开模行程。

b. 调整好顶出机构，使之能够将成型塑件从模腔中顶出到预定距离。

c. 根据加工工艺要求调整锁模力，一般应将锁模力调整到所需锁模力的下限。

d. 调整所有行程开关至各自位置。

6）当系统停止时，按下停止按钮 SB2，注塑机完成当前周期后停止运行。

注意：

1）在注塑机的改造过程中，根据生产要求除自动控制功能外，还要设定出相应完善的保护功能。

2）在注塑机上安装变频器和 PLC 时，一定要注意安装环境，尽量避免安装在振动较大的场合。

3）在进行注塑机参数设定时，不同的模具是不相同的，对所有的新模具刚开始均要调试确定出相应的加工参数，本注塑机所列的参数仅是对某一个模具而言，不同形状的模具注塑机其过程有所不同。

附 录

附录 A FRENIC 5000G11S/P11S – 4CX 变频器参数表

变频器参数出厂设定值均被设置为完成简单的变速运行。若要进行实际的项目操作，则应重新设定某些相关参数，可通过面板按键来实现参数的设定、修改和确定。设定参数之前，必须先选择参数号。设定参数分为两种情况：一种是停机 STOP 方式下重新设定参数，这时可以设定所有的参数；另一种是运行时设定参数，这时只能设定一部分功能参数。表中，O 表示运行中可变更数据；X 表示运行中不可变更数据。基本功能见表 A-1，用户功能见表 A-2，控制功能见表 A-3。

表 A-1 基本功能

基本功能：

功能代码	名称		设定范围	单位	最小单位	出厂设定	运行时变更情况
F00	数据保护		0，1	—		0	X
F01	频率设定 1		0 ~ 11	—		0	X
F02	运行操作		0，1	—		0	X
F03	最高频率 1		G11S：50 ~ 400Hz P11S：25 ~ 120Hz	Hz	1	60	X
F04	基本频率 1		G11S：25 ~ 400Hz P11S：25 ~ 120Hz	Hz	1	50	X
F05	额定电压 1		0V：（输出电压正比于输入电压） 320 ~ 480V	V	1	380	X
F06	最高电压 1		320 ~ 480V	V	1	380	X
F07	加速时间 1		0.01 ~ 3600s	s	0.01	6.0/20.0	O
F08	减速时间 1						O
F09	转矩提升 1		0.0，0.1 ~ 20.0	—	0.1	G11S：0.0 P11S：0.1	O
F10	电子热继电器 1	动作选择	0，1，2	—		1	O
F11		动作值	20% ~ 135% 变频器额定电流	A	0.01	—	O
F12		热时间常数	0.5 ~ 75.0min	min	0.1	5.0/10	O

（续）

功能代码	名称		设定范围		单位	最小单位	出厂设定	运行时变更情况
F13	电子热继电器（制动选择）	G11	7.5kW 以下	0, 1, 2	—	—	1	O
			11kW 以上	0			0	
		P11	11kW 以下	0, 2			0	
			1.5kW 以上	0			0	
F14	瞬时停电再起动（动作选择）		0 ~ 5		—	—	1	X
F15	频率限制	上限频率	G11：0 ~ 400Hz		Hz	1	70	O
F16		下限频率	P11S：0 ~ 120Hz				0	O
F17	频率设定信号增益		0.0% ~ 200.0%		%	0.1	100.0	O
F18	频率偏置		G11S：－400 ~ ＋400Hz		Hz	0.1	0.0	O
			P11S：－120 ~ ＋120Hz					
F20	直流制动	开始频率	0.0 ~ 60.0Hz		Hz	0.1	0.0	O
F21		制动值	G11S：0% ~ 100%		%	1	0	O
			P11S：0% ~ 80%					
F22		制动时间	0.0 ~ 30.0s		s	0.1	0.0	O
F23	起动频率	频率值	0.1 ~ 60.0Hz		Hz	0.1	0.5	X
F24		保持时间	0.0 ~ 10.0s		s	0.1	0.0	X
F25	停止频率		0.1 ~ 60.0Hz		Hz	0.1	0.2	X
F26	电动机运行声音	音频	0.75 ~ 15kHz		kHz	1	2	O
		音调	0 ~ 3		—	—	100	O
F33	FMP 端子	脉冲率	300 ~ 6000p/s		p/s	1	1440	O
F34		电压调整	0%，1% ~ 200%		%	1	0	O
F35		功能选择	0 ~ 10		—	—	0	O
F36	30RY 动作模式		0, 1		—	—	0	X
F40	转矩限制 1	驱动	G11S：20% ~ 200%，999		%	1	999	O
		制动	P11S：20% ~ 150%，999					
F42	转矩矢量控制 1		0, 1		—	—	0	X
E01	X1 端子功能						0	X
E02	X2 端子功能						1	X
E03	X3 端子功能						2	X
E04	X4 端子功能						3	X
E05	X5 端子功能		0 ~ 35		—	—	4	X
E06	X6 端子功能						5	X
E07	X7 端子功能						6	X
E08	X8 端子功能						7	X
E09	X9 端子功能						8	X

（续）

功能代码	名称		设定范围	单位	最小单位	出厂设定	运行时变更情况
E10	加速时间2		0.01~3600s	s	0.01	6.0 20.0	O
E11	减速时间2						O
E12	加速时间3						O
E13	减速时间3						O
E14	加速时间4						O
E15	减速时间4						O
E16	驱动转矩2		G11S：20%~200%，999	%	1	999	O
E17	制动转矩2		P11S：20%~150%，999				O
E20	Y1端子功能		0~37	—	—	0	X
E21	Y2端子功能					1	X
E22	Y3端子功能					2	X
E23	Y4端子功能					7	X
E24	Y5A，Y5C端子功能					15	X
E25	Y5RY动作模式		0，1	—	—	0	X
E30	频率到达信号（检测幅值）		0.0~10.0Hz	Hz	0.1	2.5	O
E31	频率检测1	频率值	G11S：0~400Hz P11S：0~120Hz	Hz	1	60	O
E32		滞后值	0.0~30Hz	Hz	0.1	1.0	O
E33	过载预报1	动作选择	0：电子热继电器 1：输出电流	—	—	0	O
E34		动作值	G11S：0~400Hz P11S：5%~150%	A	0.01	—	O
E35		动作时间	0.0~60.0s	S	0.1	10.0	O
E36	频率检测2（动作值）		G11S：0~400Hz P11S：0~120Hz	Hz	1	60	O
E37	过载预报2		G11S：5%~200% P11S：5%~150%	A	0.01		O
E40	显示系数A		−999.00~999.00		0.01	0.01	O
E41	显示系数B		−999.00~999.00		0.01	0.00	O
E42	LED显示滤波器		0.0~5.0s	s	0.1	0.5	O
E43	LED监视选择	功能	0~12	—	—	0	O
E44		停止时显示	0，1	—	—	0	O
E45	LED监视选择	功能	0，1	—	—		O
E46		语种	0~5	—	—		O
E47		辉度	0（亮）~10（暗）	—	—	5	O

表 A-2 用户功能

功能代码	名称		设定范围	单位	最小单位	出厂设定		运行时变更情况
						22kW 以下	30kW 以上	
U01	制动转矩限制时增加频率上限		0 ~ 65535	—	1	75		O
U02	加速时第1S范围		1% ~ 50%	%	1	10		X
U03	加速时第2S范围		1% ~ 50%	%	1	10		X
U04	减速时第1S范围		1% ~ 50%	%		10		X
U05	减速时第2S范围		1% ~ 50%	%	1	10		X
U08	主电路电容容量	初始值	0 ~ 65535	—	1	XXXX		O
U09		测定值	0 ~ 65535	—	1	XXXX		O
U10	Pt 板电容通电时间		0 ~ 65535h	h	1	0		O
U11	冷却扇运行时间		0 ~ 65535h	h	1	0		O
U13	电流振动抑制		0 ~ 32767	—	1	819	410	O
U15	转差补偿过滤时常数		0 ~ 32767	—	1	556	546	O
U23	运行连续时	积分常数	0 ~ 65535	—	1	1738	1000	O
U24		比例常数	0 ~ 65535	—	1	1024	000	O
U48	输入断相保护		0, 1, 2	—	—	55kW 以下	75kW 以下	X
						0	0	
U49	RS485 通信协议切换		0, 1	—	—	0		X
U56	速度一致/PG 异常	检测幅度	0% ~ 50%	%	1	10		O
U57		检测时间	0.0 ~ 10.0s	s	0.1	0.5		O
U58	PG 异常故障选择		0, 1	—	—	1		X
U59	制动电阻功能选择		00 ~ A8 （HEX）	—	1	00		X
U60	减速时再生回避		0, 1	—	—	0		X
U61	电压检测偏置增益调整		22kW 以下：固定为 0 30kW 以上：0, 1, 2	—	—	0		O

表 A-3 控制功能

C01	跳跃频率	跳跃频率	G11S：0 ~ 400Hz P11S：0 ~ 120Hz	Hz	1	0	O
C02		跳跃频率				0	O
C03		跳跃频率				0	O
C04		跳跃幅值	0 ~ 30Hz	Hz	1	3	O
C05	多步频率设定	频率1	G11S：0.00 ~ 400.00Hz P11S：0.00 ~ 120.00Hz	Hz	0.01	0.00	O
C06		频率2				0.00	O
C07		频率3				0.00	O
C08		频率4				0.00	O
C09		频率5				0.00	O
C10		频率6				0.00	O
C11		频率7				0.00	O

（续）

C12		频率 8		Hz	0.01	0.00	O
C13		频率 9				0.00	O
C14		频率 10				0.00	O
C15	多步频率设定	频率 11	G11S：0.00～400.00Hz	Hz	0.01	0.00	O
C16		频率 12	P11S：0.00～120.00Hz			0.00	O
C17		频率 13				0.00	O
C18		频率 14				0.00	O
C19		频率 15				0.00	O
C20	点动频率值		G11：0.00～400.00Hz P11S：0.00～120.00HZ	Hz	0.01	5.00	O
C21	程序运行（模式选择）		0，1，2	—	—	0	X
C22		程序步 1				0.00F1	O
C23		程序步 2				0.00F1	O
C24		程序步 3				0.00F1	O
C25		程序步 4	0.00～6000s；F1：R1～R4	s	0.01	0.00F1	O
C26		程序步 5				0.00F1	O
C27		程序步 6				0.00F1	O
C28		程序步 7				0.00F1	O
C30	频率设定 2		0～11	—	—	2	X
C31	模拟输入偏置调整	端子 12	－5.0%～＋5.0%	%	0.01	0.0	O
C32		端子 C1	－5.0%～＋5.0%	%	0.01	0.0	O
C33	模拟设定信号滤波器		0.00～15.00Hz	s	0.01	0.05	O

附录 B 变频器保护功能动作一览表

变频器发生异常时，保护功能动作，立即跳闸，LED 显示报警名称，电动机失去控制，进入自由运转且存在安全隐患，应适当安装安全装置。变频器保护功能动作一览表见表 B-1。

表 B-1 变频器保护功能动作一览表

报警名称	键盘面板显示		动作内容
	LED	LCD	
过电流	OC1	加速时过电流	加速时
	OC2	减速时过电流	减速时
	OC3	恒速时过电流	恒速时

注：过电流一行合并内容：电动机过电流，输出电路相间或对地短路，变频器输出电流瞬时值大于过电流检出值时，过电流保护功能动作

对地短路	EF	对地短路故障	检测到变频器输出电路对地短路时动作（仅对≥30kW）。对≤22kW 变频器发生对地短路时，作为过电流保护动作。此功能只是保护变频器。为保护人身和防止火警事故等，应采用另外的漏电保护继电器或漏电断路器等进行保护

（续）

报警名称	键盘面板显示		动 作 内 容
	LED	LCD	
过电压	OU1	加速时过电压 加速时	由于电动机再生电流增加，使主电路直流电压达到过电压检出值时，保护动作（过电压检出值：DC800V）。但是，变频器输入侧错误地输入过高电压时，不能保护
	OU2	减速时过电压 减速时	
	OU3	恒速时过电压 恒速时	
欠电压	LU	欠电压	电源电压降低等使主电路直流电压低至欠电压检出值以下时，保护功能工作（欠电压检出值：DC400V）。若选择 F14 瞬停再起动功能，则不报警显示。另外，当电压低至不能维持变频器控制电路电压值时，将不能显示
电源断相	Lin	电源断相	连接的三相输入电源 L1/R、L2/S、L3/T 中缺任何 1 相时，变频器将在三相电源电压不平衡状态下进行，可能造成电路整流二极管和主滤波电容器损坏。在这种情况，变频器报警和停止运行
散热片过热	OH1	散热片过热	若冷却风扇发生故障等，则散热片温度上升，保护动作若端子 13 和端子 11 之间短路，则端子 13 以过电流（20mA 以上）状态运行
外部报警	OH2	外部报警	当控制电路端子（THR）连接制动单元、制动电阻、外部热继电器等外部设备的报警常闭触点时，按这些触点的信号动作 使用电动机保护用 PTC 热敏电阻时（即 H26：1 时），电动机温度上升时起动
变频器内过热	OH3	变频器内过热	若变频器内通风散热不良等，则其内部温度上升，保护动作 若端子 13 和端子 11 间短路，则端子 13 以过直流（20mA 以上）状态运行
制动电阻过热	dbH	制动电阻过热	选择功能 F13 电子继电器（制动电阻用）时，可防止制动电阻的烧损
电动机 1 过载	OL1	电动机 1 过载	选择功能码 F10 电子继电器 1 时，超过电机的动作电流值，就会作用
电动机 2 过载	OL2	电动机 2 过载	切换到电动机 2 驱动，选择 A06 电子继电器 2，设定电动机 2 的动作电流值，就会动作
变频器过载	OLU	变频器过载	此为变频器主电路半导体器件的温度保护，按变频器输出电流超过过载额定值时保护功能
DC 熔断器断路	FUS	DC 熔断器断路	变频器内部的熔断器由于内部电路短路等造成损坏而断路时，保护动作（仅≥30kW 有此保护功能）
存储器异常	Er1	存储器异常	存储器发生数据写入错误时，保护动作
键盘面板通信异常	Er2	面板通信异常	设定键盘面板进行模式，键盘面板和控制部分传输出错时，保护动作，停止传送
CPU 异常	Er3	CPU 异常	由于噪声等原因，CPU 出错时，保护动作
选件异常	Er4	选件通信异常	选件卡使用时出错，保护动作
	Er5	选件异常	

（续）

报警名称	键盘面板显示		动 作 内 容
	LED	LCD	
强制停止	Er6	操作错误	由强制停止命令［STOP1、STOP2］使变频器停止运行
输出电路异常	Er7	自整定不良	自整定时，如变频器与电动机之间连接线开路或连接不良，则保护动作
充电电路异常	Er7	自整定不良	主电路电源输入 L1/R 或者 L3/T 上没有电压，或充电电路用继电器异常起动（仅 30kW 以上时有次保护功能）
RS485 通信异常	Er8	RS485 通信异常	使用 RS485 通信时出错，保护动作

参 考 文 献

［1］宋峰青. 变频技术［M］. 北京：中国劳动社会保障出版社，2004.

［2］刘建华. 变频调速技术［M］. 北京：中国劳动社会保障出版社，2006.

［3］李华德. 交流调速控制系统［M］. 北京：电子工业出版社，2003.

［4］王建，徐洪亮，张宏. 变频器操作实训［M］. 北京：机械工业出版社，2007.

［5］唐修波. 变频技术及应用［M］. 北京：中国劳动社会保障出版社，2006.

［6］王建，徐洪亮. 富士变频器入门与典型应用［M］. 北京：中国电力出版社，2008.

［7］李永忠，鄢光辉. 变频器与触摸屏应用技术易读通［M］. 北京：中国电力出版社，2008.

［8］丁都章. 变频调速技术与系统应用［M］. 北京：机械工业出版社，2007.

［9］王建，徐洪亮. 变频器实用技术［M］. 沈阳：辽宁科学技术出版社，2010.

读者信息反馈表

感谢您购买《变频器实用技术（富士）》一书。为了更好地为您服务，有针对性地为您提供图书信息，方便您选购合适图书，我们希望了解您的需求和对我们教材的意见和建议，愿这小小的表格为我们架起一座沟通的桥梁。

姓　　名		所在单位名称	
性　　别		所从事工作（或专业）	
通信地址		邮　　编	
办公电话		移动电话	
E – mail			

1. **您选择图书时主要考虑的因素：**（在相应项前面画√）

（　　）出版社　　（　　）内容　　（　　）价格　　（　　）封面设计　　（　　）其他

2. **您选择我们图书的途径**（在相应项前面画√）

（　　）书目　　（　　）书店　　（　　）网站　　（　　）朋友推介　　（　　）其他

希望我们与您经常保持联系的方式：

□电子邮件信息 □定期邮寄书目

□通过编辑联络 □定期电话咨询

您关注（或需要）哪些类图书和教材：

您对我社图书出版有哪些意见和建议（可从内容、质量、设计、需求等方面谈）：

您今后是否准备出版相应的教材、图书或专著（请写出出版的专业方向、准备出版的时间、出版社的选择等）：

非常感谢您能抽出宝贵的时间完成这张调查表的填写并回寄给我们，我们愿以真诚的服务回报您对机械工业出版社技能教育分社的关心和支持。

请联系我们 ——

地　　址　北京市西城区百万庄大街 22 号 机械工业出版社技能教育分社

邮　　编　100037

社长电话（010）88379080　88379083　68329397（带传真）

E – mail　jnfs@ mail. machineinfo. gov. cn